课里课外新阅读

恍如魔法的化学故事

Huaxue Gushi

田 竞◎编

吉林出版集团股份有限公司

图书在版编目（CIP）数据

恍如魔法的化学故事 / 田竞编. — 长春 : 吉林出版集团股份有限公司，2012.6（2021.6 重印）
（课里课外新阅读）
ISBN 978-7-5463-8076-6

Ⅰ. ①恍… Ⅱ. ①田… Ⅲ. ①化学—青年读物②化学—少年读物 Ⅳ. ①O6-49

中国版本图书馆 CIP 数据核字（2012）第 091854 号

课里课外新阅读

恍如魔法的化学故事

Huangru Mofa de Huaxue Gushi

出版策划：孙　昶
选题策划：郝秋月
责任编辑：于媛媛
装帧设计：李　婷
图文编排：李　婷　高　云
出　　版：吉林出版集团股份有限公司
（长春市福祉大路 5788 号，邮政编码：130118）
发　　行：吉林出版集团译文图书经营有限公司
（http://shop34896900.taobao.com）
电　　话：总编办 0431-81629909　营销部 0431-81629881
印　　刷：三河市燕春印务有限公司
开　　本：787mm × 1092mm　1/16
印　　张：10.25
字　　数：160 千字
版　　次：2012 年 6 月第 1 版
印　　次：2021 年 6 月第 5 次印刷
书　　号：ISBN 978-7-5463-8076-6
定　　价：38.00 元

前言

FOREWORD

化学是研究物质的组成、结构、性质以及变化规律的科学。世界是由物质组成的，化学则是人类用以认识和改造物质世界的主要方法和手段之一，它是一门历史悠久而又富有活力的学科。

如今，化学制品充斥着我们的生活。它既可以是杀人的武器，也可以是救人的良药。战争中火药可以摧毁生命，生活中医学药品可以救助伤患。肉眼无法观察到的微小原子或分子构成了我们生存的世界，不断研究它们是科学家过去、现在和未来不变的追求，并且这些研究还会不断改变我们的生活。

在这本书里，我们通过讲述一个个精彩的化学故事，为你揭开物质世界的许多奥秘。这些故事生动有趣，引人入胜，我们从中可以学到丰富的知识，更会被化学家们勇攀科学高峰的精神所感动。

目录

CONTENTS

第一章　气体家族

第二章　元素世界

第三章　无机物和有机物

第四章　奇妙的变化

第五章　化学的应用

附录　大事年表

第一章 *Di-yi Zhang*

气体家族

Qiti Jiazu

气体是物质的一种形态，它可以流动、可以变形。地球上的气体是在地球诞生以后逐渐形成的。在这个庞大的家族中，氧气是人类生存的保障，氮气为维持生命提供必要元素，臭氧保护着我们的地球家园……

大气的秘密 发现空气成分

地球的周围聚集了厚厚的一层空气，它既看不见又摸不着，就像地球的“外衣”一样保护着地球。空气也是包括人类在内的所有生物生存的基础。然而，直到18世纪，人类才开始对空气的成分有了真正的认识。

17世纪中叶以前，人们对空气和气体的认识还是模糊的，如今，我们已经知道空气主要由氧气和氮气组成，这两种成分占空气总量的99%，而其余的1%的成分为水蒸气、二氧化碳及稀有气体等。然而在当时，欧洲流行着一种存在严重错误的“燃素说”，认为物质在燃烧时，可燃的要素是一种气态的物质，存在于一切可燃物质中。

1772年，丹尼尔·卢瑟福在密闭容器中燃烧磷。除去空气中可助燃和可供动物呼吸的气体，他对剩下的气体进行了研究，发现有一种气体既不能被碱液吸收，又不能维持生命，并且具有可以灭火的性质，因此他把这种气体叫做“浊气”或“毒气”。同年，英国化学家普里斯特利也了解到木炭在密闭于水上的空气中燃烧时，能使1/5的空气变为“碳酸气”。这种气体用石灰水吸收后，剩下的那部分气体，不助燃也不助呼吸。其实，卢瑟福和普里斯特利已经发现了氧气和氮气，但是因为受到“燃素说”的束缚，他们认为自己发现的是“脱燃素空气”。

↑丹尼尔·卢瑟福

后来，法国著名化学家拉瓦锡也做了许多关于燃烧的实验，像磷、硫、木炭的燃烧，有机物质的燃烧，锡、铅、铁的燃烧等。经过这些实验，他终于得出了这样的结论：空气由两种气体组成，一种是能够帮助燃烧的，称为“氧气”；另一种是不能帮助燃烧的，他称之为“窒息空气”，即“氮气”。尽管拉瓦锡明确地揭示了空气的成分，但是，在很长的一段时间里，很多人依然抱着“燃素说”不放。直到18世纪末，拉瓦锡的学说才被化学界普遍承认，“燃素说”终于被推翻了。

英国化学家拉姆赛正在做实验。

一百多年后，英国物理学家瑞利和英国化学家拉姆赛合作研究大气中各种气体的密度。他们发现，空气中除了氮气和氧气外，还有少许残留气体存在。拉姆赛意识到这种残留气体中可能隐藏着另一族的化学元素，为此，他和瑞利进行了不懈的研究。他们终于发现了空气里的一种稀有气体元素，并把这种气体命名为“氩”，这是第一个被发现的稀有气体。此后，拉姆赛又陆续发现了氦、氖、氪和氙这几种稀有气体。1910年，拉姆赛又与格莱一起，经过反复探索，终于找到了具有放射性的，也是惰性最强的一种气体元素——氡。拉姆赛因在稀有气体研究方面的杰出贡献，被誉为“稀有气体之父”。

今天，我们已经知道，空气的主要成分是氮气和氧气，还有极少量的氦、氖、氩、氪、氙、氡等稀有气体和水蒸气、二氧化碳以及其他物质等。但是，空气成分的探究过程却历经了二百多年，为此，我们应该记住丹尼尔·卢瑟福、拉瓦锡和拉姆赛等人为这一领域的研究作出的历史性贡献。

瑞利

学海拾贝

通常情况下，地球上空气的成分按体积计算，氮占78%，氧占21%，稀有气体占0.94%，二氧化碳占0.03%，其他气体和杂质占0.03%。空气的恒定成分是氮气、氧气以及稀有气体；空气的可变成分是二氧化碳和水蒸气。

气体化学之父 普里斯特利

普里斯特利是英国著名的化学家，他制备出了氧气、氨气、氧化氮等气体，并且第一次分离出一氧化碳。氧气的发现，更是成为“燃素说”建立的基石。鉴于普里斯特利对气体化学的突出贡献，他被称为“气体化学之父”。

1733年3月13日，约瑟夫·普里斯特利出生于英国利兹，他是一个很文静的人，身体瘦弱，但学习很勤奋。因为家境困难，普里斯特利小时候被送到教会学校学习，长大后成为了一位牧师。在教会学校里，他学会了拉丁文和希腊文，又自学了法文、意大利文和德文。后来，普里斯特利以优异的成绩来到考文垂的非国教的高等专科学校，系统地学习了数学、法律、文学和辩论学等学科，成为了一位学识广博的人。

约瑟夫·普里斯特利

有一次，普里斯特利偶然遇到了美国科学家富兰克林。富兰克林向他讲述了自然科学方面许多有趣的问题，一下子吸引了他。从此，普里斯特利开始对自然科学产生兴趣。他常常在空闲的时候，做着各种化学实验。特别是1772年以后，他在英国舍尔伯恩伯爵的图书馆里工作，阅读了不少自然科学方面的著作，更加爱上了化学。

在化学领域中，普里斯特利首先对空气发生了兴趣。1771年8月17日，普里斯特利在一个密闭的瓶子里，放进一支点燃的蜡烛，他发现蜡烛很快就熄灭了。接着，他往瓶里放进一束带着绿叶的薄荷枝，又往瓶里放进一支点燃了的蜡烛，他惊奇地发现蜡烛竟然能够继续燃烧。当时，科学家们把一切气体统称为空气，普里斯特利通过这个实验证实了空气是由不同成分组成的。同时他发现植物吸收“固定空气”可以放出“活命空气”（氧气）。为此，他决定制取这种“活命空气”。

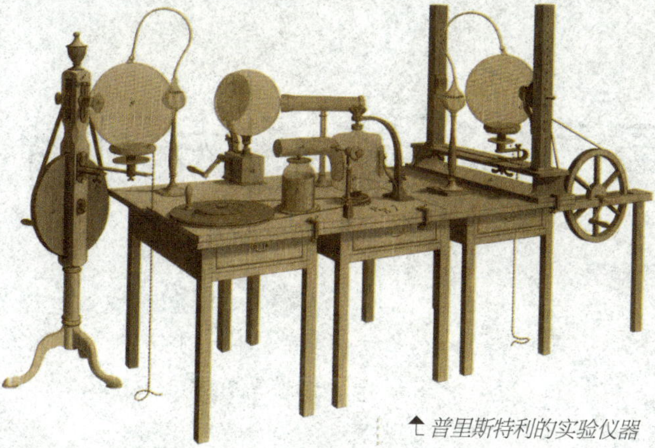

↑普里斯特利的实验仪器

1774 年，普里斯特利开始研究某些物质在凸透镜聚光产生的高温下放出的各种气体。他研究的物质中有汞锻灰，也就是氧化汞。他把氧化汞放置在玻璃钟罩内的水银面上，用一个直径 30 厘米、焦距为 50 厘米的凸透镜，将阳光聚集在氧化汞上。氧化汞很快被分解了，放出一种气体，将玻璃罩内的水银排挤了出来。他用排水集气法收集了这种气体，发现蜡烛在这种气体里面能剧烈燃烧。他又把两只老鼠放在这种气体里，发现它们过得非常舒服。然后，他又亲身进行实验，感觉这种气体和平时吸入的普通空气一样，而且身心觉得十分轻快、舒畅。

其实，普里斯特利所发现的气体就是重要的化学物质氧气。遗憾的是，由于他深信“燃素说”，因而认为这种气体不会燃烧，只是有特别强的吸收燃素的能力，只能够助燃。因此，他把这种气体称为“脱燃素空气”。后来，普里斯特利把自己的发现告诉了拉瓦锡，拉瓦锡摆脱传统思想的束缚，大胆地提出了氧化概念。在科学发展的历史长河中，第一次化学革命由此开始。

学海拾贝

在物理学研究的领域里，普里斯特利同样作出了突出贡献。他 31 岁写成《电学史》一书。在这本书里，他用通俗、准确而生动的语言概述了关于电现象研究的完整历史，而且还具体地描写了各种不同的实验情况，极大地丰富了电学的研究。

氧气的另一位发现者 舍勒

卡尔·威廉·舍勒是瑞典著名的化学家，氧气的发现人之一。但命运似乎和舍勒开了玩笑，使他发现氧气的成果落在了普里斯特利之后。但人们仍然没有忘记在氧气的发现史上记录舍勒的名字。

1742年12月19日，舍勒生于瑞典的斯特拉尔松。因为家境贫困，舍勒勉强上完了小学就去哥德堡的一个药店里当了学徒。药店的老药剂师马丁·鲍西不仅学识渊博，而且有高超的实验技巧。舍勒受他的影响，开始在工作之余勤奋自学。经过8年的刻苦学习，舍勒终于从一个小学徒成长为一位学识渊博的药剂师。此后，舍勒开起了自己的药店，他不仅经营有方，盈利巨万，而且建起了大型的实验室。舍勒的很多重大发现都是在这个实验室里完成的。

↑卡尔·威廉·舍勒

有一天，舍勒在空烧瓶中放进一块白磷，塞上瓶塞，然后在瓶外稍稍加热。此时白磷立即燃烧起来，发出火光，冒出白烟。不久，火光灭了，浓雾也散了，瓶壁上沉积了一层白色物质。烧瓶变凉后，舍勒立刻把烧瓶倒扣进水中，然后拔出瓶塞。这时怪事发生了，水充满烧瓶体积的1/5以后，水面不再上升。他又重做了几遍实验，结果还是一样。这是怎么回事？ 1/5的空气去哪儿了？带着这样的问题，舍勒又做了一连串的实验。他在烧剩下的空气中，放进蜡烛、烧红的炭、白磷，结果是，蜡烛立即熄灭，烧红的炭很快变黑，连易于燃烧的白磷也不肯着火。舍勒又把几只老鼠关进里面，发现它们马上窒息而死。

舍勒终于明白了，这种烧剩下的空气跟“烧掉”的那部分空气性质不同。看来空气是由两种完全不同的成分组成的。他认为一种是“活空气”，能帮助燃烧，于是把它叫做“火焰空气”；另一种是“死空气”，对火不起作用，会让老鼠窒息而死，所以叫它“无用空气”。

卡尔·威廉·舍勒的出生地

对于“火焰空气”，舍勒非常感兴趣，他决定制备这种气体。他在曲颈甑中装进一些硝石，放到炉子上加热，同时，在甑颈上缚上一个挤瘪了的牛尿泡。硝石熔化了，放出的气体使牛尿泡逐渐胀大起来。接着他很快将牛尿泡取下来，把泡里的气体贮存在几个烧瓶里，然后把烧红的木炭、带余烬的木柴、磷分别放进这些烧瓶中。这时木炭四周火星迸裂，猛烈燃烧，发出白炽的光芒；带余烬的木柴重新燃烧起来了；磷发出耀眼的白光。舍勒高兴得从实验室冲出来，摇着手里的一只瓶子喊着：“我得到了火焰空气！火焰空气！”

舍勒正式发现氧气可以定在1773年，比普里斯特利发现氧气要早一年。但是，由于舍勒把自己的实验结果整理成书送给出版商出版，而这部著作在出版商那里压了几年，直到1777年才出版。所以，发现氧气的优先权落入普里斯特利之手。但人们仍承认舍勒是氧气的独立发现人。

学海拾贝

舍勒是近代有机化学的奠基人之一。他证明植物中含有酒石酸，还从柠檬中制取出柠檬酸的结晶，从肾结石中制取出尿酸，从苹果中发现了苹果酸，从酸牛奶中发现了乳酸。此外，他还探索过蛋白质、蛋黄和各种动物血的化学成分。就当时的有机化学水平来看，舍勒的贡献是难能可贵的。

地球的保护伞 臭氧

在地球大气层的平流层中，氧气分子在紫外线作用下，形成了一个臭氧层。虽然它只是薄薄的一层，但它就像是一道屏障保护着地球上的生物免受太阳紫外线的侵害。因此，人们将臭氧称为“地球的保护伞”。

臭氧是地球大气中的一种微量气体，它是在大气中的氧气分子受太阳辐射分解成氧原子后，氧原子又与周围的氧气分子结合而形成的。90%以上的臭氧存在于大气层的上部或平流层。臭氧能够吸收太阳释放出来的绝大部分紫外线，使动植物免遭这种射线的侵害。

臭氧其实很早就被人发现了。古时候，人们喜欢佩戴琥珀。琥珀是数千万年前的树脂被埋藏于地下，经过一定的化学变化后形成的一种树脂化石，其表面非常光滑。当人们用野兽的皮毛摩擦琥珀时，会闻到一种具有特殊臭味的气体，这就是臭氧。

到了近代，臭氧是在放电中被发现和制成的。那么，第一个制得臭氧的人是谁呢？这就要追溯到 1785 年了。当时，荷兰化学家马鲁姆在给密闭的玻璃管汞面上的氧气通电后，发觉有一股非常强烈的臭味，好像是电气的味道。但是，马鲁姆没有继续对其进行研究，所以并不知道这股臭味到底是什么。但是，马鲁姆是近代化学实验中最早制得臭氧的人。

↑马鲁姆

1840 年，德国化学家舍拜恩在空气中进行放电实验，也闻到了这种电气的味道。但是他认为这种臭味和氯气以及溴气所散发出来的气味属于同类气味。4 年后，他又发现白磷在空气中发生氧化反应时也产生这种臭味。他还发现这种气体能将碘化钾中的碘释放出来，并能将二价铁氧化成三价铁。他推测氮气是由这种发出臭味的气体和氢气组成的混合物，于是他继续投入到对这种气体的研究之中。1854 年，终于有了重大发现，舍拜恩在论文中指出：氧气中除了普通的氧气外，还有一种“氧气”。他把这种“氧气”命名为“Ozone”，希腊文意为“臭味”。

同一个时期里，还有一些人发现过臭氧。1845 年，瑞士化学家马里纳和德拉里夫各自加热氯酸钾获得氧气后，经干燥，在其中放电也获得了臭氧。他们认为它是一种具有特别化学活性的“氧气”。直到 1898 年，德国化学家拉登堡在测定了臭氧的分子量后，才确定它是氧气的一种同素异形体。

如今，人们对臭氧已经有了更多的认识，而且，臭氧在人们的生活中也发挥着重要的作用。臭氧不仅具有消毒、灭菌、除臭、脱色等作用，还可以改变植物呼吸状态、激活植物细胞。因此，臭氧在农业、工业以及餐饮业等领域应用广泛。

随着人类活动的加剧，地球表面的臭氧层出现了严重的空洞，尤其是南极上空的臭氧层空洞引起了环境保护人士极大的关注。臭氧层空洞威胁着人类的生存。据科学家分析，大气中的臭氧每减少 1%，照射到地面的紫外线就增加 2%，人类患皮肤癌的机率就增加 3%，而且还会增加人类受到白内障、免疫系统缺陷和发育停滞等疾病袭击的风险。1995 年，联合国规定把每年的 9 月 16 日定为国际臭氧层保护日，以提醒人们保护臭氧层刻不容缓。

学海拾贝

臭氧是一种天蓝色气体，冷却时可凝结成暗蓝色液体，并可凝固成紫黑色晶体。臭氧能把碘化钾中的碘释放出来，而碘可以使淀粉水溶液变成蓝色。因此，将气体通入含有少量淀粉浆的碘化钾溶液中，可以检验是否有臭氧存在。

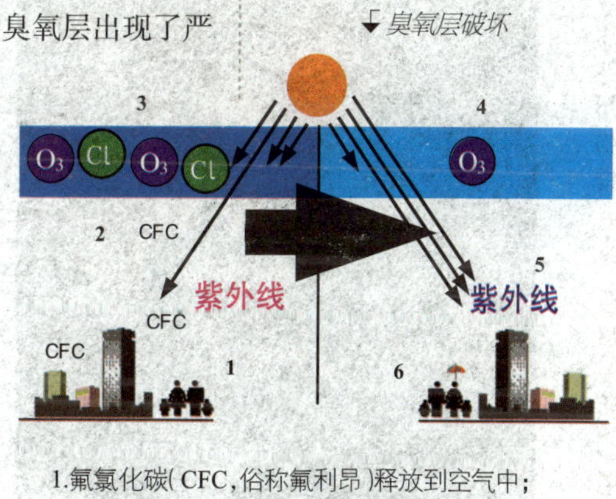

1.氟氯化碳（CFC，俗称氟利昂）释放到空气中；
2.氟氯化碳上升到臭氧层；
3.在紫外线照射下，氯原子（Cl）从氟氯化碳中分离出来；
4.氯原子破坏臭氧层；
5.臭氧减少导致紫外线照射增强；
6.强烈的紫外线照射极易引起皮肤癌。

为维持生命提供必要元素的气体 氮气

氮气是大气的主要组成部分，它无色、无味、不活泼、不支持燃烧，但它提供了维持生命的必要元素——氮。由于通常条件下，氮气很不活泼，在一般化学反应中很难被察觉到，所以人们只是在分离出氧气后才较多地认识到氮气的性质。

早在1771年，瑞典化学家舍勒就根据自己的实验，认识到空气是由两种不同的成分组成，即支持燃烧的“火焰空气”和不支持燃烧的“无用空气”。1771年，英国科学家普里斯特利也得到了一种既不支持燃烧，也不能维持生命的气体，他称它为“被燃素饱和了的空气”，意思是说，因为它吸足了燃素，所以失去了支持燃烧的能力。但是，无论是舍勒，还是普里斯特利，都没有及时公布发现氮气的结论。因此，化学文献中大都认为氮气在欧洲首先是由英国化学家丹尼尔·卢瑟福发现的。

布拉克

1772年，卢瑟福的老师——苏格兰化学家、医生、物理学家约瑟夫·布拉克也在进行气体研究的实验。布拉克在一个钟罩内，放进燃烧着的木炭，发现木炭燃烧一阵子后，就熄灭了。布拉克认为木炭在钟罩内燃烧可以生成“固定空气”（即二氧化碳）。当布拉克用氢氧化钾溶液吸收了这种“固定空气”后，钟罩内仍有一定量的剩余气体留下来。至于这种神秘的气体到底有何性质，他无法回答。为了寻求答案，布拉克要求他的得意门生卢瑟福继续研究这个问题。

卢瑟福开始继续老师的实验时，便决定用小动物来帮助他进行实验。当他把老鼠放入密闭钟罩内时，发现老鼠会被闷死。老鼠闷死后，罩内气体的体积缩小了 1/10。他又将密闭器皿内的气体用碱液去吸收，发现气体的体积又失去 1/10。这时，一个奇怪的现象吸引了卢瑟福。在老鼠无法生活的气体里，居然可以点燃蜡烛。而当烛光熄灭以后，如果往密闭容器内投入少许磷，磷又可继续燃烧。

↑拉瓦锡

卢瑟福不断重复实验，终于明确了这样两个问题：一是人们很难从空气中把氧气全部除净；二是这种剩余的气体既不助燃，也无助于呼吸。这种气体不能维持动物的生命，具有灭火作用，并且在水和氢氧化钾溶液中也不溶解。卢瑟福把这种气体称为“浊气”或“毒气”，也就是没有燃素的气，不会再被用做燃烧的气。卢瑟福是虔诚的“燃素说”支持者，他犯了一个极大的错误，他不承认“浊气”是空气的一种成分。因此，尽管他发现了氮气的存在，但是仍然无法摆脱传统观念的束缚，不能对气体的性质作科学的阐释，只能在距离真理只有一步远的地方停了下来。

不久，法国化学家拉瓦锡摆脱了传统错误理论“燃素说”的束缚，以实验为根据，作了科学的分析和判断。他发现这种气体很不活泼，是一种不助燃、不能维持生命的气体，因此将其命名为“氮气”，意为“没有生命”。从此，氮气正式为人所知。

学海拾贝

氮气无色、无味，在工业上主要是用于合成氨。在低氧高氮的环境中害虫会窒息，植物的代谢作用会减慢，所以氮气常被用于保藏珍贵的书画，贮藏粮食、蔬菜。

最轻的气体 氢气

氢气是世界上已知的最轻的气体。在18世纪末以前，曾经有不少人做过制取氢气的实验，但直到1766年，氢才被英国科学家卡文迪许确定为化学元素，并证明氢气在空气中可以与氧气燃烧生成水。

早在16世纪，瑞士著名医生帕拉塞斯就描述过铁屑与酸接触时有一种气体产生；17世纪时，比利时著名的医疗化学派学者海尔蒙特曾偶然接触过这种气体，但没有把它分离、收集起来。尽管波义耳偶然收集过这种气体，但并未对此进行研究。他们只知道它可燃，此外对它的了解就很少了。

↑卡文迪许

最早把氢气收集起来，并对它的性质仔细加以研究的是卡文迪许。因此，在化学元素发现史上，氢元素的发现者目前公认的是卡文迪许。

1766年，卡文迪许用铁、锌等与稀硫酸、稀盐酸作用制得一种气体，他把这种气体命名为“易燃空气”（实际就是氢气）。他用普里斯特利发明的排水集气法把它收集起来，对其进行研究。他发现这种气体与空气混合后点燃会发生爆炸，与氧气化合后会生成水。不仅如此，卡文迪许还发现该气体不溶于水和碱液。金属与各种不同类型的酸作用时，所产生的气体的量都是固定的，酸的种类、浓度都影响不了它。这样特殊的性质与其他已知气体都不相同，因此他推论这是一种新的元素。

然而，卡文迪许对"燃素说"非常虔诚，根据他的理解，这种气体燃烧起来这么猛烈，一定富含燃素。他错误地认为这种气体是从金属中分解出来的，而不是来自酸中。

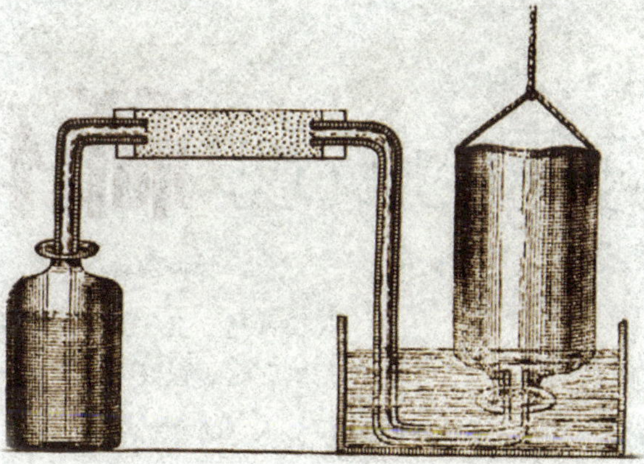

卡文迪许制取和收集氢气的装置

由于氢气的密度很小，卡文迪许一度把它当成梦寐以求的燃素。这种推测很快就得到当时的一些杰出化学家，如舍勒、基尔万等人的赞同。其他许多燃素论者也因此而欢欣鼓舞。充满氢气的气球在空气中会徐徐上升的现象在当时曾被一些"燃素说"的信奉者们当成他们论证燃素具有负重量的重要根据。但好景不长，科学态度严谨的卡文迪许通过一系列的实验终于弄清了空气浮力问题，而且证明了氢气是有重量的，只是密度比空气小得多而已。

1782 年，法国化学家拉瓦锡在建立正确的燃烧理论的基础上，用红热的枪筒分解了水蒸气。他明确地提出：水不是元素，而是氢和氧的化合物。这个正确的结论纠正了两千多年来把水当做元素的错误概念。1787 年，拉瓦锡把卡文迪许称做"易燃空气"的这种气体命名为"氢"，意思是"产生水的"，并确认它是一种元素。

学海拾贝

1871 年，电学大师麦克斯韦应聘担任剑桥大学教授。他在负责筹建卡文迪许实验室时，发现了存放 60 年之久的卡文迪许的实验笔记。麦克斯韦仔细阅读了这些手稿，惊讶地发现卡文迪许在 60 年前几乎预料到电学上的所有伟大事实。

有趣的发现 稀有气体

我们知道，空气里除了氧气和氮气外，还有少量的水蒸气、二氧化碳以及稀有气体。那么，空气中的稀有气体是如何被发现的呢？稀有气体的发现过程既曲折又有趣，而且前后共经历了一个多世纪的时间。

1785年，卡文迪许在空气中通入过量的氧气，然后用放电法使氮气变为氧化氮，再用碱液吸收，将剩余的氧气用红热的铜除去。他发现把所有的氮气和氧气除尽后，空气中仍有很少量的残余气体存在。但是对这个现象，卡文迪许没有进一步研究。它也没引起化学界的重视。然而，这个残余气体里却隐藏着新一族化学元素。

↑瑞利

一百多年后的1894年，英国物理学家瑞利开始研究大气中各种气体的密度。他在除掉空气里的氧气和氮气以后，得到了很少量的极不活泼的气体。经过分析，瑞利判断该气体是一种新物质。瑞利用三种不同的方法制取氧气，所得氧气的密度完全相同。但是，研究氮气的结果却使他大吃一惊。从氮的化合物中制得的氮气每升的质量为1.250 5g，而从空气中分离出来的氮气在相同情况下，每升的质量却为1.257 2g，几次实验结果都是这样，为什么会相差0.006 7g呢？瑞利无法解释。

于是，瑞利想到了他的朋友——英国化学家拉姆赛。拉姆赛曾在海德堡大学著名的本生实验室工作过，并且是本生教授的得力助手。他在临界状态、气压与温度的关系以及液体的其他性能等方面的研究上都作出了卓越贡献。

拉姆赛

1894 年，拉姆赛和瑞利开始合作研究空气成分。他们设法把空气中的氧气和氮气抽干，经过多次实验，他们终于发现空气里的一种稀有气体元素。这种元素有时在空气中的含量竟高达 1%，他们把这种气体命名为氩，是拉丁文中“懒惰”的意思。他们一起宣布了这一发现。随后，拉姆赛在给钇铀矿石加热时，无意中发现了另一种新的气体元素。经证实，这种元素是氦。

1896 年，拉姆赛和英国化学家特拉维斯合作，经过 3 年的努力，成功地发现了数量极微的 3 种新气体元素——氖、氪和氙。至此，拉姆赛已发现了 5 种新的惰性气体元素。为了表彰他的杰出贡献，1904 年瑞典皇家科学院授予他诺贝尔化学奖。拉姆赛并未因此裹足不前，而是更加忘我地投入到研究中。1910 年，他又与格莱一起，经过反复探索，终于找到了具有放射性的，也是惰性最强的一种气体元素——氡。

拉姆塞把发现的氦、氖、氩、氪和氙等气体，作为一族，完整地插入了化学元素周期表中，使化学元素周期表更加完善。如今，拉姆赛的杰出贡献每时每刻都在影响着我们的生活。从日常生活所用的荧光灯到商业广告的霓虹灯，从金属切割机到打火机，从麻醉剂到放射疗法……都有稀有气体的足迹。

学海拾贝

由于稀有气体的化学性质很不活泼，所以过去人们曾认为它们与其他元素之间不会发生化学反应，并将它们称之为“惰性气体”。现在，人们都已改称它们为稀有气体。

太阳元素 氦来到人间

氦为稀有气体的一种，在通常情况下，它为无色、无味的气体，是不活泼的元素，基本上不与其他物质形成化合物。氦元素的名称来源于希腊文，原意是“太阳”，这是因为它最初是科学家在太阳上发现的。

1868年8月18日，法国天文学家让桑来到印度旅行，在这里，他因研究日全食而赢得了不朽的声望。就是在那个时候，他利用分光镜观察太阳表面时，发现了一条新的黄色谱线，他认为是属于太阳上的某个未知元素。这个元素其实就是被称为“太阳元素”的氦。

↑皮埃尔·让桑

让桑把自己的观测结果寄给了英国的天文学家洛克耶。洛克耶是一位公认的光谱学专家，也是最早研究太阳黑子光谱的人。1868年10月20日，洛克耶也发现了这样一条黄线。他根据让桑的观测结果，把新发现的谱线的位置和已知元素的谱线加以比较，断定它是一种迄今未知的元素，地球上甚至可能不存在。他把这种元素命名为氦，在希腊语中是“太阳”的意思。但是，当时的很多化学家并未接受洛克耶的观点，他们认为仅仅以一条色线作为根据而把一种新元素挂在天上，未免有些太片面了。

↑洛克耶

二十多年之后，英国化学家拉姆赛在研究钇铀矿时发现了一种神秘的气体。拉姆赛用分光镜做检查的时候，本来以为会看到氩的谱线，但是出人意料，他看到的是一条黄线和几条微弱的其他颜色的亮线。拉姆赛把他所知道的各种物质的光谱都重新回忆了一遍，没有一种跟它相似。经过长久的思索，他记起了让桑和洛克耶在27年前发现的太阳上的氦元素。拉姆赛是个十分严谨的科学家，他立即把这一重要发现告诉了他的朋友克鲁克斯。克鲁克斯是当时英国最好的光谱学专家，他用精密的光谱仪仔细检验后，证实这种气体正是氦。

拉姆赛向法国科学院汇报了发现氦的消息。接下来，拉姆赛又面临了一个难题，那就是怎样在空气中寻找氦。他通过做实验，发现氦十分容易蒸发，所以他设计了新的实验。他把一端是球形的玻璃管浸在装有液态空气的杜瓦瓶里，然后把15升由空气中提取的氩气慢慢送到玻璃管里。在低温条件下，氩气凝成了液体，在玻璃球中有 $13cm^3$～$14cm^3$。最后，他关闭了玻璃管上的活塞。过了几分钟，他把玻璃管中的未液化的气体抽了出来，装进了放电管。通电以后，这些气体在放电管中发出美丽的红光。拉姆赛经过仔细检查，在光谱中找到了那条黄线——氦的谱线，位置一点儿也不差。但是这条黄线很暗淡，说明氦气量很少。但是，氦气终于在空气中被找到了。拉姆赛兴奋地说："这个曾经很神秘的太阳元素，原来在我们周围的空气中就有。"

幸运的是，洛克耶和让桑都活着看到了氦元素在地球上被发现。地球上氦元素的发现是出于偶然，这也为利用特征光谱寻找新元素提供了有力的事实依据。

学海拾贝

在地壳中，氦的含量极少，在整个宇宙中按质量计约占23%，仅次于氢。氦的主要用途是作为保护气体、气冷式核反应堆的工作流体和超低温冷冻剂。

一段悲壮的历史 氟的发现

氟元素的发现过程是一段极其悲壮的历史，也是化学元素史上参加人数最多、危险最大、工作最难的研究课题。从德国化学家马格拉夫发现氢氟酸，到法国化学家莫瓦桑制得单质氟为止，历时一百多年。

在莫瓦桑之前，包括像戴维、安培、尼克雷、弗雷米等一些知名的化学家都为制取单质氟做出过艰苦的努力。

1771 年，舍勒用曲颈甑加热萤石和浓硫酸的混合物时，曾发现玻璃瓶内壁被腐蚀。后来，很多化学家研究了氢氟酸，发现它的性质很像盐酸，但比盐酸稳定，而且对玻璃和一些硅酸盐矿物质的腐蚀性很强。另外，它有剧毒，挥发出的蒸气更危险。此后，法国科学家安培根据氢氟酸和盐酸的相似性质和相似组成，大胆推断氢氟酸中存在一种新元素，他建议参照氯的命名给这种元素命名为“氟”，即拉丁文中“流动”的意思。但几十年过去了，单质状态的氟却迟迟未能被制备出来。

亨利·莫瓦桑

莫瓦桑是第一个分离出单质氟的化学家。1852 年 9 月 28 日，莫瓦桑出生于法国巴黎一个贫民家庭。少年时代的莫瓦桑最喜欢学习化学，他从老师那里借来了各种化学书，如饥似渴地攻读，同时，还自己动手做各种化学实验。但是因为家境贫寒，中学毕业后莫瓦桑不得不中断学业，在巴黎的一家药铺做学徒。虽然学徒的生活很艰苦，但莫瓦桑依然没有放弃学习。他数十年如一日，坚持自学，最终获得了大学学士学位。

↑莫瓦桑在试图使用电弧炉合成钻石。

1872年，莫瓦桑跟随法国自然博物馆馆长弗雷米学习，从此开始了他的化学研究生涯。在学习过程中，无论多么艰难，莫瓦桑始终充满了信心，从来不畏惧任何困难。1879年，莫瓦桑进入巴黎农艺研究院学习植物生理学，次年获得博士学位。此后，他开始转向研究无机化学，在铁类金属氧化方面作出了卓有成效的贡献。1880年，他在巴黎药学院任助教，开始致力于氟的研究。

由于氟元素腐蚀性很强，而且一遇到潮湿的空气便立即起反应，所以尽管经过了大半个世纪，前人的实验仍未获得成功。曾有人奉劝莫瓦桑不要去碰氟这种死亡元素，但他还是决定揭开氟的神秘面纱。莫瓦桑认真总结了前人的经验教训，对三氟化磷和三氟化砷进行电解。在这段时间内，因实验室工作条件极差，他曾4次中毒而中止实验。后来他将干燥的氢氟化钾溶于无水的氢氟酸中，以此混合溶液作为电解质，铂铱合金作为电极，经过多次反复实验，终于在1886年6月26日首次成功地获得了单质氟。

由于他的杰出成就，莫瓦桑荣获了1906年度诺贝尔化学奖。但是，长期的研究严重损坏了他的健康。从瑞典斯德哥尔摩参加颁奖仪式归来后不久，莫瓦桑不幸病逝于巴黎，终年55岁。

学海拾贝

在卤族元素中，氟在地壳中的含量仅次于氯。通常情况下，氟气是一种浅黄绿色、有强烈助燃性的刺激性毒气，是已知的最强的氧化剂之一。氟的用途广泛，液态氟可做火箭燃料的氧化剂；含氟塑料和含氟橡胶有特别优良的性能。

舍勒的重要发现 氯气

在气体化学的发现史上，瑞典著名化学家舍勒作出了杰出的贡献，他不仅发现了氧气，而且还发现了氯气。舍勒的发现促使了后人对氯气的研究和利用。现在，氯气已经广泛应用于人类生活的许多方面。

古代的炼金术士们用王水(一般用三份盐酸与一份硝酸相混合)溶解金子。他们发现在加热王水的时候，会产生一种刺激性很强的气体。当时他们还不知道这种气体就是氯气，但是至少可以说，在古代人们就已经接触过氯这种元素了。

氯气的发现应归功于瑞典化学家舍勒。舍勒是18世纪中后期欧洲一位著名的科学家，他从少年时代起就在药房当学徒，非常迷恋实验室工作。他在仪器、设备简陋的实验室里做了大量的化学实验，涉及内容非常广泛，发明也非常多。他以其短暂而勤奋的一生，对化学作出了突出的贡献，赢得了人们的尊敬。

↑卡尔·威廉·舍勒

18世纪后期，由于冶金工业的发展，舍勒开始了对各种矿石的研究，其中有一种矿石叫做软锰矿。舍勒经过三年的研究，发现软锰矿不溶于稀硫酸和稀硝酸，但能溶于盐酸。1774年，舍勒把软锰矿与浓盐酸混合并加热，产生了一种黄绿色的气体，这种气体的强烈的刺激性气味使舍勒感到极为难受。但是当他确信自己制得了一种新气体后，他又感到一种由衷的快乐。

舍勒用这种气体做了多种实验，发

现它微溶于水，使水略有酸味；具有漂白作用，能漂白有色花朵和绿叶；能腐蚀金属；在这种气体中的昆虫会立即死去，火也立即熄灭。由于舍勒坚信“燃素说”，他误认为这是由于“脱燃素的锰”（二氧化锰）从盐酸中夺去了燃素而产生了这种气体，因此称它为“脱燃素盐酸”，而没有认为它是一种元素。但是，舍勒在氯气的发现史上作出了开创性的贡献，后人都非常肯定他的成绩。

↑氯气可用于制造多种农药。

自从舍勒发现氯气以后，到1810年，这种气体的性质先后经过贝托雷、拉瓦锡、盖·吕萨克、泰纳等人的研究，但他们都没有把氯作为化学元素来认识。第一个指出氯是一种化学元素的科学家是戴维，他在伦敦英国皇家学会上宣布这种由舍勒发现的气体是由一种新的化学元素组成的，并将这种化学元素定名为“氯”，即希腊文中“绿色”的意思。我国早年的译文将其译做“绿气”，后改为“氯气”。

因为氯气溶于水后的溶液具有漂白作用，所以人们想到了用氯气做漂白剂。法国人贝托雷是最早利用氯气做漂白剂的人。1789年，贝托雷又改进了制备漂白溶液的方法，即把氯气通入巴黎一家化工厂生产的碱性草木灰（即氢氧化钾）的溶液中，使其漂白效率提高了很多。后来，苏格兰的英国化学公司的创始人泰纳将这种方法改为将氯气通到石灰水中，这样改进以后的生产成本便大大地降低了。如今，氯气已不只用于生产漂白剂，还可以用于消毒。在制作农药、塑料等领域氯气也得到了广泛应用。

学海拾贝

氯气是一种有毒气体，它主要通过呼吸道侵入人体并溶解在黏膜所含的水分里，与水作用生成次氯酸和盐酸，对上呼吸道黏膜造成有害的影响。由食道进入人体的氯气会使人恶心、呕吐、胸口疼痛和腹泻，甚至会造成死亡。

人工肥料的诞生 氨气的合成

众所周知，农作物只有在肥料的作用下才能够茁壮成长，并且获得较高的产量。在人工合成肥料的探索之路上，许多科学家作出了贡献，其中，贡献最大的就是德国化学家哈柏。

1868年12月9日，哈柏出生在德国布雷斯劳一个犹太家庭。他的家境很富裕，从小他就受到良好的教育。哈柏先后在卡尔斯鲁厄工业大学、柏林大学和海德堡大学求学。获得博士学位后，哈柏曾在耶纳尔大学、卡尔斯鲁厄工业大学、柏林大学任教，并担任威廉物理化学及电化学研究所所长。

哈柏

哈柏一生致力于化学平衡及气体反应等方面的研究，其中最杰出的成就是探索出来了有价值的合成氨法。他以过渡金属锇为催化剂，将未反应的气体原料循环利用，得到了浓度为6%的氨气，这种方法被称为“哈柏法”。后来，这种方法经博许发展成为工业化生产方法，世称“哈柏—博许”。为了与其他制备氨气的方法相区别，人们将这种直接合成的产物称为“合成氨”。目前，工业上生产氨气的方法几乎全部采用氢氮直接合成法，但“合成氨”的名称一直沿用至今。

在合成氨气后，哈柏并没有停滞不

前，他又提高了转化率，成功地解决了氨气的实际投产的问题。他所发明的这一流程立即被德国巴登苯胺纯碱公司接受和采用。1913年世界上第一座合成氨工厂建成投产了，产量很快达到日产30吨的水平，极大地缓解了现代社会粮食紧张的问题。由于这一卓越贡献，哈柏荣获了1918年诺贝尔化学奖。

↑氨气可以作为制备氮肥的原料。

在科学史上，哈柏是一位颇受争议的科学家。就他的科学成就而言，他是当之无愧的一流化学家，但是他曾把自己的聪明才智用到侵略战争的军事用途上，这一点遭到了科学界的一致谴责。后来，哈柏意识到了自己的严重错误，重新将全部精力投入到了科学研究中，并致力于加强各国科研机构的友好往来，最终得到了科学界的谅解。1934年1月29日，哈柏在途经瑞士巴塞尔城时，因心脏病发作死于途中。

如今，氨气在工农业生产中发挥着至关重要的作用。氨气不但可以直接作为肥料，而且农业上使用的氮肥，例如尿素、硝酸铵、磷酸铵、硫酸铵、氯化铵以及各种含氮混合肥和复合肥都是以氨气作为原料的。氨气在工业上主要用来制造炸药和各种化学纤维及塑料，在冶金行业中用来提炼矿石中的铜、镍等金属，在医药行业用做生产磺胺类药物、维生素、蛋氨酸和其他氨基酸等。

学海拾贝

在地理上，哈柏也有一个重要的贡献。他通过大量研究，向世人宣布了大西洋底的中部，从南到北，有一条上万千米长的巨龙似的山脉。这条巨型海底山脉就是被后人称为“洋中脊”的海底构造。

第二章 Di-er Zhang

元素世界

Yuansu Shijie

人们将组成世界的基本物质称为元素。宇宙诞生以后，氢成为诞生的第一种元素，后来，其他元素也逐渐诞生了。人类对这些元素的认识经历了漫长而曲折的历程。而这些被发现的元素也在推动着人类文明的发展。

最基本的化学物质 元素

从地球诞生之日起，元素就产生了。但是，长久以来，受时代和技术水平所限，古人对元素并没有科学的认识。历史的车轮滚滚向前，当人类文明经历了漫长的发展过程后，人们终于对元素有了清晰的认识。

古时候，人们凭借主观的猜测和臆想来定义元素。古希腊人认为宇宙万物由水、火、土、气组成，称为“四元素说”。火元素、气元素两种轻元素会向上飘，土元素、水元素两种重元素会向下沉，四种元素按一定的比例组成各种物质。在古中国，也有相似的观点。我们的祖先认为宇宙万物由金、木、水、火、土组成，即“五行说”。

↓早期欧洲的炼金术

在古代，帝王们迫切希望得到点石成金的办法和长生不老的灵丹妙药。于是，一大批炼金术士出现了。他们为了制造黄金，以水银、铅之类的物质作为原料，进行了许许多多的化学实验。据说，英王亨利六世为了能够得到大批黄金，竟然招募了3 000名炼金术士来“炼金”。秦始皇、汉武帝也曾不惜重金派人远渡重洋去寻找长生不老的灵丹妙药。尽管黄金梦、长生梦是荒谬的，但是，炼金术士和炼丹家毕竟在种种化学实验中，懂得并积累了一些化学知识。比如，公元 8 世纪阿拉伯的炼金术士贾博在炼金时制成了硫酸、硝酸、硝酸银等，还懂得了用盐酸和硝酸配制“王水”。

↑拉瓦锡

化学元素的发展，走过了十分曲折的道路。直到 17 世纪中叶，由于科学实验的兴起，积累了一些物质变化的实验资料，科学家们才初步从化学分析的结果去解决关于元素的概念。1661 年，英国科学家波义耳出版了一本《怀疑的化学家》的小册子。在这本小册子里，他提出：“化学，不是为了炼金，也不是为了治病。化学应当从炼金术和医学中分离出来。它是一门独立的科学！”可以说，波义耳是把化学确立为科学的第一人。

拉瓦锡也对元素的发展作出了不可磨灭的贡献。他否定了古希腊人的“四元素说”，在科学实验基础上提出了化学元素的概念。他把那些无法再分解的物质称为简单物质，也就是元素。1789 年，拉瓦锡出版了《化学基本教程》一书，列出了他制作的化学元素表，并列举了 33 种化学元素，这部著作标志着现代化学的诞生。

19 世纪初，道尔顿创立了原子学说，并测定了某些元素的原子量。从此，化学元素的概念开始和原子量联系起来。后来，门捷列夫在此基础上，建立了化学元素周期表，明确指出元素的基本属性是原子量。至此，人们对元素的探索终于有了长足的进步。现在，人类已经发现了自然界中的 90 多种元素，并且人工合成了 20 多种元素，然而，人类探寻元素的脚步还在一直向前迈进。

学海拾贝

公元前 2 世纪的秦汉时代，炼丹术在中国颇为盛行。大约在公元 7 世纪炼丹术传到阿拉伯国家，与古希腊哲学相融合而形成阿拉伯炼丹术。阿拉伯炼丹术于中世纪传入欧洲，形成欧洲炼金术，后逐步演进为近代的化学。

近代化学的奠基人 波义耳

波义耳是英国著名化学家，他的著作《怀疑的化学家》的出版问世，被看做是近代化学开始的标志，在化学发展史上具有里程碑式的意义。由于波义耳在化学方面的重要贡献，因而他被认为是近代化学的奠基人。

波义耳生于1627年，这是一个巨人辈出的时代。就在波义耳出生的前一年，提出“知识就是力量”著名论断的近代科学思想家培根去世了。伟大的物理学家牛顿比波义耳小16岁。近代几位伟大科学家，如意大利的伽利略、德国的开普勒、法国的笛卡儿都生活在这一时期。

波义耳的父亲是爱尔兰最有权势、拥有最大封地的李察大公爵。在这个赫赫有名的贵族家庭里，几乎个个都骁勇善战，唯独波义耳身材瘦小、体弱多病，做事慢条斯理，一点儿都不具备军人的素质。父亲只好早早地让他去读书，于是年仅8岁的波义耳就踏上了外出求学之路。

↑波义耳

在学校里，波义耳是个思想活跃、爱提问题的学生。他把所有的时间都花在读书上，尽情享受知识带给他的欢乐，度过了愉快的青年时光。

1641年，波义耳在兄弟和家庭教师的陪同下，开始游历欧洲。旅途中，即使骑在马背上，波义耳仍然是手不释卷。在意大利，他阅读了伽利略的名著《关于两大世界体系的对话》。这本书给他留下了深刻的印象，他十分崇拜伽利略，决心像伽利略那样，做一个不迷信权威、勇于向科学挑战的人。

27 岁时，波义耳在离伦敦不远的工业和科学文化城市牛津租了几间房子，建立了自己的实验室，从此开始了他的科学研究之路。

在波义耳那个时代，还没有真正的化学科学，只有一种行业叫做炼金术。炼金术以古希腊“四元素说”为依据，认为世界上所有的物质，都是由水、火、土、气四种元素组成的。波义耳对这些传统的元素观产生了怀疑，他通过实验证实这些传统的元素未必就是真正的元素，因为许多物质，比如黄金就不含这些“元素”。最后他得出这样的结论：元素肯定不是只有四种，而是有许多种。他将自己的研究成果写成了《怀疑的化学家》一书。在书中，他首次提出了科学的元素概念，使化学的发展走上了正确的道路。人们普遍认为，波义耳的《怀疑的化学家》的问世是近代化学的开始。

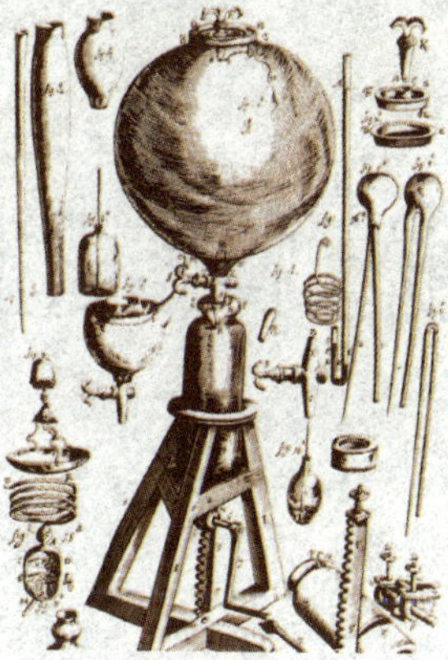

波义耳的真空泵

波义耳的许多研究成果都源于他的敏锐观察。在一次实验中，波义耳实验室内的紫罗兰被溅上了浓盐酸，他急忙把冒烟的紫罗兰用水冲洗了一下，然后重新插在花瓶中。过了一会儿，波义耳发现深紫色的紫罗兰居然变成了红色。这一奇怪的现象促使他进行了许多花木与酸碱相互作用的实验。由此，他发现了大部分花草受酸或碱的作用后都能改变颜色，尤以石蕊最为明显。利用这一特点，波义耳用石蕊浸液把纸浸透，然后烤干，制成了实验中常用的酸碱试纸——石蕊试纸。

生活中的波义耳诚实谦逊、待人和善，而且淡泊名利。1680 年，波义耳被提名为皇家学会会长，但是他认为这会影响他的研究工作，所以就婉拒了。

1691 年底，波义耳走完了自己的一生。临终前，他捐出了自己所有的财产。

学海拾贝

波义耳还发现了人类历史上第一个定律，即著名的波义耳定律。定律的内容是：在定量定温条件下，理想气体的体积与气体的压强成反比。这是波义耳根据 1662 年的一次实验结果提出的。

俄国科学史上的彼得大帝 罗蒙诺索夫

在俄国科学史上，有一位贡献卓著的人物，他被誉为“俄国科学史上的彼得大帝”，他就是罗蒙诺索夫。罗蒙诺索夫发现了质量守恒定律，他也因此被称为俄国唯物主义哲学和自然科学的奠基者。

1711年，罗蒙诺索夫出生于俄国白海边的一个普通渔民家庭。他自幼就喜欢读书，但是由于家境贫困，他拥有的书实在是太少了。有一次，他跟父亲出海打鱼。忽然，一阵狂风吹来，大海掀起了巨浪，船上的帆篷被吹落了，情况十分紧急。罗蒙诺索夫不顾一切，沿着摇晃的桅杆爬了上去，很快把吹落的帆篷扎结实了，小船恢复了平稳。

父亲看到儿子这么勇敢，十分高兴，他笑着说：“孩子，我要奖赏你，给你买件鹿皮上衣，好吗？”罗蒙诺索夫摇了摇头。父亲问：“那你想要什么呢？”“我想要一本书，什么知识都有的书。比如，天上的星星为什么会掉下来，为什么黑夜过去就是黎明……”儿子的回答让父亲十分惊讶，尽管他并不支持罗蒙诺索夫读书，但他还是满足了儿子的愿望。

罗蒙诺索夫

1730年，罗蒙诺索夫考入莫斯科斯拉夫—希腊—拉丁学院。几年后，他转入彼得堡科学院附属大学学习。学习期间，他被派往德国学习矿业和冶金业。归国后他担任了彼得堡科学院的化学教授。1748年，罗蒙诺索夫建立了俄国第一个化学实验室。在这个实验室里，他取得了众多举世瞩目的科学成就。

罗蒙诺索夫是最早应用天平来测量化学反应重量关系的化学家。1756年，罗蒙诺索夫把锡放在密闭的容器里煅烧。他发现锡生成白色的氧化锡后，容器和容器里的物质的总质量在煅烧前后并没有发生变化。罗蒙诺索夫经过反复的实验，都得到同样的结果，于是他得出这样一个结论："参加反应的全部物质的重量，等于全部反应产物的重量。"这就是今天我们所熟知的、作为化学科学基石的质量守恒定律。但是，这一发现在当时没有引起科学家们的注意，直到 1777 年法国的拉瓦锡做了同样的实验，也得到了同样的结论，这一定律才获得公认。

↑罗蒙诺索夫在做实验。

20 世纪初，爱因斯坦推导出了狭义相对论，使人们对质量守恒定律有了新的认识。在这之前，科学家们认为质量守恒定律和能量守恒定律是两个独立的基本定律。如今，人们把这两个定律合并为一条守恒定律，即质能守恒定律。

罗蒙诺索夫十分热爱自己的祖国，他毕生的活动就是为了改变俄国的落后面貌，为俄国科学文化的独立发展作出自己的贡献。他曾在一首诗中写道："俄国大地能够诞生自己的柏拉图和智力灵敏的牛顿。"在俄国的文学领域，罗蒙诺索夫也是一位举足轻重的人物。他的诗写得慷慨激昂，体现了强烈的爱国情结。

1765 年 4 月 15 日，年仅 54 岁的罗蒙诺索夫与世长辞了。虽然他只工作了 24 年，但他把每一分钟都献给了自己的祖国。

学海拾贝

由于罗蒙诺索夫的学识非常渊博，俄国诗人普希金曾把他比做"俄国的第一所大学"，说"他是历史学家、修辞学家、机械学家、化学家、矿物学家、艺术家和诗人。他对一切都曾亲身体验过并深入地研究过"。

近代化学之父 道尔顿

英国化学家、物理学家道尔顿被誉为“近代化学之父”，他既具有敏锐的理论思维头脑，又具有卓越的实验才能，尤其是在对原子的研究方面取得了非凡的成果。道尔顿是近代化学的奠基人。

道尔顿于 1766 年 9 月 6 日出生于英国的一个农民家庭。由于非常贫困，他的一个弟弟和一个妹妹都因饥饿和疾病而夭折。道尔顿在童年根本没有读书的条件，只是勉强接受了一点点初等教育，他的学问基本上都是靠自学得来的。

12 岁时，道尔顿已经成为村里学识最渊博的人，被推举为村里的小学老师。尽管他看起来像个大孩子，但是这位小老师讲起课来非常生动，而且注重和生活中的小常识联系起来，孩子们都非常喜欢听他讲课。15 岁时，他又成为了肯达耳中学的教师。

↑道尔顿

在教课期间，道尔顿对气象观察产生了浓厚兴趣。他听说有一位叫约翰·豪夫的盲人学者学识渊博、意志坚强，是一个气象方面的专家，便前去拜访。在豪夫的实验室里，道尔顿惊讶不已：桌上的仪器五花八门，但都放置得井井有条，实在难以想象这都出自一个盲人之手。道尔顿诚恳地拜他为师。豪夫不仅传授给他许多气象方面的知识，还帮助他学习希腊文、拉丁文、法文和数学。在豪夫的帮助下，道尔顿进步很快，也坚定了他从事科学研究的信心。

道尔顿在对气体和混合气体进行研究时，发现当时的化学科学存在着严重缺陷，缺少一种真正可靠的物质结构理念。于是，他决心继续前代物理学家和化学家的原子论研究。为此，他跑图书馆，钻实验室，夜以继日地思考。整整15年的时间，他的付出终于有了回报。

道尔顿像

道尔顿发现各种元素都是由一种不可分的微粒组成的，这种微粒就是原子。随后他又发现，同一种元素的原子在质量上、性质上都相同；不同元素的原子，在质量上、性质上都不相同。他通过实验得知，在普通化学反应中，某一元素的原子既不会被消灭，也不会变成其他元素的原子。他还描绘出不同元素的原子如何以一定的比例相互结合成为化合物的复合原子，即现在所说的分子。此外，道尔顿还编制了包括14种元素在内的世界上第一张原子量表。1808年，道尔顿正式发表了原子学说的论文，在化学史上树起了新的里程碑。

原子论建立以后，道尔顿名震英国乃至整个欧洲，各种荣誉纷至沓来。然而，荣誉和成就丝毫没有减弱道尔顿献身科学的奋斗精神，他继续埋头于科学实验。

道尔顿把政府给予自己的养老金积攒下来，全部奉献给了曼彻斯特大学用做学生的奖学金。1844年7月26日晚上，道尔顿和往常一样准备写气象日记，这一习惯他已经坚持了半个多世纪。他刚用颤抖的手写下“微雨……”就倒在了实验台上。

就这样，道尔顿离开了人世。他终身未婚，将自己毕生的精力都献给了科学事业。

学海拾贝

道尔顿患有色盲症，并且是世界上第一个发现色盲症的人。正是由于对科学研究有着强烈的好奇心和责任感，并具备锲而不舍的品格，道尔顿才能从自己的生理缺陷中发现色盲问题，从而促进了遗传学的发展。

化合物组成的规律 定比定律

每一种化合物，不论它是天然存在的，还是人工合成的，也不论它是用什么方法制备的，它的组成元素的质量都有一定的比例关系。这就是著名的定比定律，它是在一场旷日持久的论战中诞生的。

定比定律的发现者是法国著名的科学家普鲁斯特。这一定律一经提出，即遭到了当时法国化学家贝托雷的激烈抨击。他们二人便是为此展开了数年的争论。

为了搞清楚反应物和生成物之间是否存在一定的比例关系，普鲁斯特进行了不懈的研究。普鲁斯特首先从水的研究开始。当时，他的实验室里摆满了成排的瓶子，瓶子里装的是普鲁斯特从世界各地收集来的水。在研究中，他发现不管是北方的海水，还是南方的海水；不管是欧洲的水，还是非洲的水；不管是河水、湖水，还是井水、泉水，总之，不管水的来源怎么样，除去这些水中所含的少量杂质后，所得的纯水的组成比例都是相等的。继而，他想到，既然水具有固定的组成，那么，其他化合物是不是也像水一样具有固定的组成呢？

为了证实自己的观点，普鲁斯特写了许多信给各国科学院的朋友，请求他们从世界各地寄来各种矿石，方便他继续研究化合物的组成比例。1799 年，他证明碳酸铜含有一定重量比例的铜、氧、碳，它们的比例总是约为 5 ∶ 4 ∶ 1。此后，普鲁斯特花了 7 年的工夫，认真地做了上千次的化学分析实验。他从大量的事实中，终于得出了

↑ 普鲁斯特

这样的结论：任何纯净的化合物都具有固定的组成。由此得出了化学史上著名的“定组成定律”，又叫“定比定律”。

↑贝托雷

在普鲁斯特的这一科研成果发表的同一时期，法国化学家贝托雷也正好发表了《化学亲合力之定律》一文，其中的主要观点正好与定比定律背道而驰。于是，普鲁斯特与贝托雷开始了长达 9 年之久的争论。可贵的是，这场论战自始至终都是在彬彬有礼地摆事实、讲道理的情况下进行的。

当时，贝托雷在化学界的声望比普鲁斯特要高。但是，年轻的普鲁斯特毫不妥协，他仔细分析了上千种样品，以确凿的实验数据击败了贝托雷的论点，确立了定比定律，并指出贝托雷所用的化合物样品是不纯的。因而普鲁斯特成为第一位正确区分纯净物和混合物的化学家。

与此同时，贝托雷也在紧锣密鼓地进行着自己的实验。当时，化学家盖·吕萨克在协助贝托雷一起做实验。盖·吕萨克经过反复实验和分析研究，证明贝托雷的理论是错误的。

最终，普鲁斯特获得了胜利。他感慨地对贝托雷感谢道：“要不是你的质疑，我是难以深入地去研究定比定律的。”随后，他向世人郑重宣布：“发现定比定律，贝托雷有一半功劳。”

同样，贝托雷为在竞争中发现了真理而高兴万分。他在给普鲁斯特的信中写道：“你发现了定比定律，可喜可贺。9 年的争论结出了果实，我向你——真理的发现者致意。”

学海拾贝

普鲁斯特的贡献除了确立定比定律外，他还被认为是甘露醇的发现者。1806 年，普鲁斯特将槭树液汁的酒精溶液放在空气中蒸发至干，得到了一种由细丝状结晶和微小颗粒组成的白色固体物质，这就是甘露醇。

近代化学史上的壮举 元素周期律的发现

元素周期律揭示了物质世界的秘密，把一些看起来似乎互不相关的元素统一了起来，组成了一个完整的自然体系。它的发现，是近代化学史上的一个创举。元素周期律的发现者是俄国化学家门捷列夫。

1834年2月8日，门捷列夫出生在俄国西伯利亚托博尔斯克市。他在幼年时就表现出卓越的学习天赋，不满7岁时就考入了市中学，在当地轰动一时。中学毕业后，门捷列夫的家境举步维艰，母亲变卖了家产以支持他的学业。在父亲的一位朋友的帮助下，门捷列夫进入了彼得堡师范学院物理系学习。在大学学习期间，门捷列夫表现出了坚韧、忘我的超人精神。1865年，彼得堡大学授予门捷列夫科学博士学位，并聘请他担任化学教授。

↑门捷列夫

门捷列夫富有教学天才。他的教室里经常坐满了各系的学生，学生们无不被他那生动清晰的讲解所吸引。在授课过程中，门捷列夫时常自己编写讲义。他发现无机化学这门学科的俄语教材已经陈旧，外文教科书也无法适应新的教学要求，因而迫切需要有一本新的、能够反映当代化学发展水平的无机化学教科书。为此，他决定重新编写教科书。当他编写有关化学元素及其化合物性质的章节时，却遇到了难题，按照什么次序排列它们的位置呢？为了寻找元素的科学分类方法，他开始研究有关元素之间的内在联系。

门捷列夫夜以继日地分析思考，简直着了迷。夜深人静，彼得堡大学一片黑暗，只有门捷列夫的居室仍然亮着灯，他正在不知疲倦地工作着。受纸牌的启发，他制作了大量纸牌大小的卡片，把元素名称、原子量、化学式和主要性质都写在卡片上。然后，把它们分成几类，放在一个大筐里。慢慢地，筐里装满了卡片。

元素周期表

原子序数 — 92 U — 元素符号
铀 — 元素符号（注*的是人造元素）

金属元素　非金属元素　过渡元素

周期＼族	IA 1	IIA 2	IIIB 3	IVB 4	VB 5	VIB 6	VIIB 7	VIII 8	9	10	IB 11	IIB 12	IIIA 13	IVA 14	VA 15	VIA 16	VIIA 17	0 18
1	1 H 氢																	2 He 氦
2	3 Li 锂	4 Be 铍											5 B 硼	6 C 碳	7 N 氮	8 O 氧	9 F 氟	10 Ne 氖
3	11 Na 钠	12 Mg 镁											13 Al 铝	14 Si 硅	15 P 磷	16 S 硫	17 Cl 氯	18 Ar 氩
4	19 K 钾	20 Ca 钙	21 Sc 钪	22 Ti 钛	23 V 钒	24 Cr 铬	25 Mn 锰	26 Fe 铁	27 Co 钴	28 Ni 镍	29 Cu 铜	30 Zn 锌	31 Ga 镓	32 Gc 锗	33 As 砷	34 Se 硒	35 Br 溴	36 Kr 氪
5	37 Rb 铷	38 Sr 锶	39 Y 钇	40 Zr 锆	41 Nb 铌	42 Mo 钼	43 Tc 锝	44 Ru 钌	45 Rh 铑	46 Pd 钯	47 Ag 银	48 Cd 镉	49 In 铟	50 Sn 锡	51 Sb 锑	52 Te 碲	53 I 碘	54 Xe 氙
6	55 Cs 铯	56 Ba 钡	57~71 La-Lu 镧系	72 Hf 铪	73 Ta 钽	74 W 钨	75 Re 铼	76 Os 锇	77 Ir 铱	78 Pt 铂	79 Au 金	80 Hg 汞	81 Tl 铊	82 Pb 铅	83 Bi 铋	84 Po 钋	85 At 砹	86 Rn 氡
7	87 Fr 钫	88 Ra 镭	89~103 Ac-Lr 锕系	104 Rf 𬬻*	105 Db 𬭊*	106 Sg 𬭳*	107 Bh 𬭛*	108 Hs 𬭶*	109 Mt 鿏*	110 Ds 𫟼*	111 Rg 轮*	112 Uub *						

镧系	57 La 镧	58 Ce 铈	59 Pr 镨	60 Nd 钕	61 Pm 钷	62 Sm 钐	63 Eu 铕	64 Gd 钆	65 Tb 铽	66 Dy 镝	67 Ho 钬	68 Er 铒	69 Tm 铥	70 Yb 镱	71 Lu 镥
锕系	89 Ac 锕	90 Th 钍	91 Pa 镤	92 U 铀	93 Np 镎	94 Pu 钚	95 Am 镅*	96 Cm 锔*	97 Bk 锫*	98 Cf 锎	99 Es 锿	100 Fm 镄*	101 Md 钔*	102 No 锘*	103 Lr 铹*

↑元素周期表

冬去春来，门捷列夫依然在杂乱无章的元素卡片中找寻内在的规律。有一天，他又坐到桌前摆弄起“纸牌”，摆着摆着，门捷列夫像触电似的站了起来，他发现每一行元素的性质都是按照原子量的增大而逐渐变化着。他激动得双手不断地颤抖着，兴奋地说：“这就是说，元素的性质与它们的原子量呈周期性关系。”

门捷列夫紧紧抓住元素的原子量与性质之间的相互关系，不停地研究着，终于在 1869 年发现了元素周期律。此外，他还大胆地修正了当时已被公认的一些原子量，如金和铂。经实践证明，门捷列夫的元素周期律是正确的，至此，人类对元素的探索终于有了长足的进步。

生活中，门捷列夫十分简朴，不修边幅，因为他把自己的全部时间用在了工作上。即使是沙皇想接见他，他也事先声明——平时穿什么，接见时就穿什么。这种朴素的品格更增添了大师的人格魅力。

1907 年 2 月 2 日，门捷列夫这位享有世界盛誉的俄国化学家因心肌梗塞与世长辞，那一天距离他的 73 岁生日只有六天。门捷列夫是化学史上千古流芳的人物，恩格斯曾说：“门捷列夫完成了科学上的一个勋业。”

学海拾贝

门捷列夫的名著、伴随着元素周期律而诞生的《化学原理》，在 19 世纪后期和 20 世纪初，被国际化学界公认为标准著作，前后共出了八版。元素周期律的最初发现、其后几个重要的发展阶段和最后的巩固，都在《化学原理》前八版的编写过程中得到体现。

同位素理论的创始人 索迪

19、20世纪之交，科学技术迅猛发展。在这场伟大的科技革命中，一些化学家的名字将永载史册，索迪就是其中的代表。他最杰出的贡献就是提出了放射性移位法则和同位素理论，因此他成为同位素理论的创始人。

1877年9月2日，索迪生于英国伦敦一个商人家庭。他少年时就立志要做一位有成就的科学家，为此，从小学到大学，他的学习成绩始终名列前茅，还曾多次获得奖学金。1898年，他以荣获一级荣誉学位的优异成绩毕业于牛津大学。

1900年，索迪担任加拿大麦克吉尔大学化学研究员，开始在卢瑟福的指导下从事放射性物质的研究。他们成功地从钍中分离出一种新的物质钍1，从而提出了放射性元素的衰变理论。这种理论指出，放射性是由于原子本身分裂或衰变为另一种元素原子而引起的，这与一般的化学反应不同，它不是原子或分子间的变化，而是原子本身的自发变化。这种理论打破了原子不可改变的旧观念，尽管这一理论最初遭到了很多人的质疑，但索迪通过实验证实了镭衰变为氦的现象，证明了氦是镭的衰变产物，从而开创了放射化学的研究工作。

↑索迪

到1907年，索迪分离出来的放射性元素已近30种，多到周期表中已经没有可容纳它们的空位。这就产生了矛盾，周期表对放射性元素是否适用呢？对此，索迪进行了大量研究。他在研究中发现，某些放射性不同的元素的化学性质完全相同。根据这类事实，索迪于1910年提出了同位素假说，即存在不同原子量和放射性，但其物理、化学性质完全一样的化学元素变种应处在同期表的同一位置上，它们互为同位素。他把它们归为3个系：铀—镭系、钍系和锕系。索迪还提出了同一元素有多种同位素的论点，并和法扬斯提出放射性元素衰变的位移法则。从此，放射化学成为独立学科。

麦克吉尔大学。1900年，索迪担任加拿大麦克吉尔大学化学研究员。

1919年，索迪就任牛津大学无机化学和物理化学教授，继续放射性的研究工作。1920年，他提出了放射性衰变比是可以测定的，而且可以利用同位素测定岩石和化石的地质年代等理论，促进了现代放射性测年代技术的发展。索迪还十分重视科学的社会功能，提出了“科学促进文明”的口号，强调科学家要真正担负起自己的社会职责。除了研究工作外，索迪把大部分精力投入到改进化学教学和实验室的改造中。

同位素的发现，不仅使元素概念有了新的含义，而且使人们对原子结构的认识更深了一步。索迪因此而荣获了1921年的诺贝尔化学奖。1956年9月22日，索迪在英国的伯莱顿去世。作为同位素理论的创始人，索迪将永远载入化学的史册。

学海拾贝

由于索迪从事放射性元素的研究，所以他特别关心放射性及其能量的和平利用，他提出应当控制放射性即原子能这个大能源库。他还积极参加各种有关的社会活动，成为了一位知名的社会活动家。

硕果累累的化学家 本生

在世界科学领域，德国的化学家本生硕果累累，他不但发现了铯、铷等化学元素，而且还发明了本生电池、本生灯、光谱分析仪、蒸气量热计等实验仪器。其中，被称为“化学家的神奇眼睛”的本生灯至今仍在使用。

罗伯特·威廉·本生于1811年3月31日出生在德国哥廷根的一个书香门第，他的父亲是哥廷根大学的语言学教授、大学图书馆的馆长，母亲也具有很好的文化素养。本生是父母的第四个儿子，从小就接受了良好的教育。

中学毕业后，本生以优异的成绩考上了格丁根大学。在大学期间，本生求知若渴，对于各种知识领域，他都想探索。他学习了化学、物理学、矿物学和数学等课程，并于1830年以一篇物理学方面的论文获得了博士学位。因为成绩优异，本生得到了一笔奖金，使他得以到欧洲各地游学。游学归来后，他先后在哥廷根、布勒斯劳、海德堡担任教授，一直从事化学教学和研究工作。

↑罗伯特·威廉·本生

本生不仅教学生动，而且非常擅长做实验。当时，实验所用的煤气灯因为煤气燃烧不完全，温度不高，本生将这种灯做了改进，让煤气先和空气在灯内充分混合，从而使煤气燃烧完全，得到无光高温火焰。这种煤气灯后来被称为本生灯。现在，许多化学实验室还在使用这种灯。

本生做实验的认真与严谨是出了名的。有一天，他在阳光下晒滤纸，纸上有铍的沉淀物。不料他刚走开一会儿，一只苍蝇突然飞到滤纸上，贪婪地吮吸那有甜味的沉淀物。本生大吃一惊，猛扑上去捕捉，苍蝇却飞走了。他又追又喊，惊动了好几个学生。他们被老师的行为逗笑了，但还是帮他捉住了苍蝇。本生非常高兴，把已经捏死的苍蝇放进了坩埚，将它焚化，蒸发，最后化验、称重，确定了被苍蝇吸走的沉淀物折算成氧化铍是1.01 毫克。他把这 1.01 毫克的重量加到沉淀物的总数中，最后得出了元素铍的极其精确的分析结果。学生们对老师一丝不苟的精神十分钦佩。

1859 年，本生和物理学家基尔霍夫开始共同探索通过辨别焰色进行化学分析的方法，他们决定制造一架能辨别光谱的仪器。他们把一架直筒望远镜和三棱镜连在一起，设法让光线通过狭缝进入三棱镜分光。这就是第一台光谱分析仪。1860 年，本生和基尔霍夫用他们创立的光谱分析方法，在狄克海姆矿泉水中，发现了新元素铯；次年，他们在分析云母矿时，又发现了新元素铷。此后，光谱分析法被广泛采用，许多科学家都用它发现了新元素。

本生一生获得过许多荣誉，但他对荣誉、勋章、奖章很淡漠，也不喜欢政治性的社交，尤其不乐于和显贵们交往，他认为那是浪费时间。为了事业，本生终身未娶。

本生晚年时，在给朋友的一封信中说到，自己一生中最快乐的时光就是和大家一起研究工作的时候。这种对科学的献身精神无不令人感动。

学海拾贝

本生一生获得过许多荣誉。1842 年，他被选为伦敦化学会的外国会员；1853 年担任德国科学院的通讯院士；1842 年，被法国科学院聘为外国会员；1860 年，英国皇家学会授予他荣誉奖章；1877 年，本生和基尔霍夫共同获得了戴维奖。

本生和基尔霍夫

巴拉尔的发现 溴

科学研究既要有严肃认真的态度和精细的操作技术，又要有正确的指导理论和思想方法，这样才能收到好的效果，否则当真理出现在自己的眼前时，也会视而不见。溴的发现历程正是对这一说法的最好诠释。

溴是由法国化学家巴拉尔首先发现的。1802年9月30日，巴拉尔出生于法国蒙彼利埃的一户穷苦人家。他的父母整天忙于酒作坊里的事，无暇顾及他的教育。巴拉尔的教母看出他是个与众不同的孩子，于是悉心栽培他，使他能在中学毕业后进入药物学院学习药物学。巴拉尔没有辜负教母的期望，24岁时获得了医学博士学位。

1824年，巴拉尔还是药物学院的学生，当时他正在进行制取碘的实验。他把烧成灰的海藻浸入热水中，再往水里通入氯气，这样就得到一种紫黑色的固体——碘晶体。但在提取碘之后，他发现瓶子底部总是沉淀着一层深褐色的液体，并散发出刺鼻的臭味。这一发现引起了巴拉尔极大的兴趣，他立即进行了仔细研究。经过多次实验，巴拉尔断定这是一种在室温下呈液态的元素的单质，他把这种元素定名为Muride，意为“盐水”，并将自己的新发现报告给了法国科学院。

↑巴拉尔

法国科学院的三位科学家孚克劳、泰纳、盖·吕萨克共同审查并肯定了巴拉尔的新发现，他们认为溴的发现是化学史上非常重要的收获，但他们并不赞成巴拉尔对这种新元素的命名，他们将其改称为溴，意为“恶臭”。随后，巴拉尔把溴的发现写成《海藻中的新元素》这篇论文，发表后引起了化学界的关注。

其实早在巴拉尔之前，德国化学大师李比希就得到了一家工厂送来请他分析的一瓶液体。李比希对有机物的分析相当准确，然而不知为什么，也许是过分自信，他对这种深褐色的液体却没有深入研究，认定是“氯化碘”，并且把一张“氯化碘”的标签贴在了瓶子上，实际上那是一瓶溴。

当李比希读了巴拉尔的论文后，不禁拍案惊呼：“我做过类似的实验啊！”可是一次新发现就这样从李比希眼皮底下溜走了。李比希为自己的疏忽深感后悔，他小心翼翼地从瓶子上揭下那张写着“氯化碘”字样的标签，把这个瓶子放在了柜子里，在柜上贴着一张工整的字条，上面写着“错误之柜”几个字，以提醒自己永远铭记这次教训。这件事成为了科学史上的趣谈。

今天，我们已经知道，溴是唯一在常温下单质为液态的非金属元素。它的单质是一种易挥发的红棕色的液体，气味刺鼻，能刺激眼睛和黏膜，使人忍不住流泪和咳嗽。但是，由于溴单质较活泼，在自然界中很难找到单质溴。地球上 99%的溴元素是以溴离子的形式存在于海水中的，所以人们也把溴元素称为“海洋元素”。溴在海洋中大多是以可溶的化合物形式存在的，如溴化钠、溴化钾等。

溴的用途很广泛，主要用于制溴化物、照相底版、药物、染料等。

↑ 溴甲烷分子的三维结构

↑ 溴分子在标准温度和压力下是有挥发性的红棕色液体，活性介于氯与碘之间。

学海拾贝

德国海德堡大学学生罗威也是发现溴元素的人之一。1825 年，他在向家乡克罗次纳克的一种盐泉水中通入氯气时，发现溶液变为红棕色。他把这种红棕色物质用乙醚萃取出来，再将乙醚小心蒸发，便得到了红棕色的液溴。不过，罗威的发现比巴拉尔晚了一年。

人体必需的元素 碘

在人体内，碘是一种必需的微量元素，有“智力元素”之称。人体缺碘可导致一系列生化紊乱及生理功能异常。碘的发现要追溯到 19 世纪初，它是由法国化学家库尔特瓦在一次实验中意外发现的。

贝尔纳·库尔特瓦于 1777 年 1 月 8 日诞生于法国的第戎。他的父亲经营着一家硝石工厂，并在著名的第戎学院任教，经常作一些精彩的化学讲演。库尔特瓦自小耳濡目染，十分喜爱化学。后来，他在法国著名化学家塞古恩的指导下学习化学，学成归来后帮助父亲经营硝石工厂。

19 世纪初，法国皇帝拿破仑发动了一场规模巨大的战争，战火烧遍了整个欧洲。战争需要大量的军火，为此，许多化学家、火药商纷纷开始研究、制造起黑火药来。黑火药的成分有硫黄、炭灰和硝石。当时硫黄和炭灰很容易找到，但硝石却十分缺乏。当时，库尔特瓦正在研究利用海草灰来制取硝石。库尔特瓦的工厂紧靠大海，海草异常丰富。库尔特瓦把收集到的海草烧成灰，把灰泡在水里，再用这些泡灰的水制出一袋袋白色透明的硝石。

碘在常温下是固体，在常压下会直接由固体转化为气体。

1811 年的一天，库尔特瓦正在实验室做制取硝酸钾的实验，实验台上放着两只瓶子：一只瓶中盛放的是海藻灰的酒精溶液，另一只瓶中盛放着浓硫酸。这时，他家的一只小花猫不知什么时候走进了实验室，鬼使神差地爬上了实验台。只听“砰”的一声，小花猫把两只瓶子都碰倒了，里面的液体流满了实验台。库尔特瓦正要对这只猫发火，这时，一个令人吃惊的现象出现了：两瓶中的液体混合到一起后，升起了一缕紫红色的气体，散发出一种难闻的气味。而使他更为惊奇的是，蒸气凝结后，没有变成水珠，而是成了像盐粒似的晶体，并且闪烁着漂亮的紫黑色的光彩。

↑碘是人体最重要的元素之一，在日常饮食中，我们都提倡吃碘盐。

库尔特瓦立即被这一意想不到的现象惊呆了。这个意外的现象，引起了库尔特瓦的极大兴趣。此后，他做了大量的研究工作，终于确定这种紫黑色的固体原来是一种当时未发现的新元素的单质。1813年，库尔特瓦将自己的研究成果写成论文《海草灰中新物质的发现》发表，并把他制取的碘送给当时的法国化学权威戴维、盖·吕萨克等人进行研究鉴定。几位化学家经过鉴定，肯定了库尔特瓦的发现。盖·吕萨克为这种元素命名为碘，因为碘的希腊文原意就是“紫色”的意思。

可以说，虽然库尔特瓦的身份是一位商人，但是把库尔特瓦仅仅看成是一位制造硝石的商人是不公平的，他还是一位技艺很高的化学家。但是，这位发现碘的化学家的晚年却是在贫困中度过的，1838年9月27日，库尔特瓦在巴黎逝世。

如今，我们已经知道，碘是人体必需的微量元素之一，它在促进代谢和生长发育方面起着重要作用。几十年来，联合国儿童基金会、世界卫生组织等国际组织一直致力于在全世界范围推动碘盐食用。我国政府也将每年的5月15日定为“防治碘缺乏病日”。

学海拾贝

人类大脑发育的关键时期是从胎儿期到3岁以前，如果在这个时期缺碘就会造成智力损害，而这样的智力损害是不可能被恢复的。成年人的新陈代谢同样需要碘的参与，缺碘会使人的新陈代谢发生异常，甚至被碘缺乏病所困扰。

阴差阳错的发现 磷

现在我们知道，民间传说中的"鬼火"是一种磷的氢化物产生的自燃现象。有趣的是，最早发现的磷和"鬼火"并没有关系，而是从尿液中提炼出来的。

↑布兰德

17世纪，盛行炼金术，据说只要找到一种聪明人的石头——哲人石，便可以点石成金，让普通的铅、铁变成贵重的黄金。炼金术士仿佛疯子一般，采用稀奇古怪的器皿和物质，在幽暗的小屋里，口中念着咒语，在炉火里炼，在大缸中搅，朝思暮想地寻觅着点石成金的哲人石。

当时，德国汉堡有一个想发财的商人名叫布兰德，千方百计地寻找生财之道。当他偶尔听人说，从人的尿液里可以制造出黄金或是能够点石成金的宝贝时，就决心尝试一番。于是，他偷偷地收集了大量的尿液，将其一点一点慢慢蒸干后，又胡乱地加上各种各样的东西，今天用煮的办法，明天又用烧烤的办法，一次一次地试下去。

↑白磷

无巧不成书。1699年，布兰德在经过几十次的改变配方、更换方法后，居然在一次将尿液、沙子和木炭放在米中加热，而后用水冷却产生的蒸气时，得到了一种在黑夜中能发出荧光的物质。这就是他初次得到的磷，一小块白色柔软的白磷（磷的一种单质）。

在化学史上，这属于十分巧合的事，并且相当罕见。尽管磷可以形成各种各样的化合物，遍布于人及动物体内，但要用磷的化合物来制取单质，是需要经过一系列复杂的化学反应的。工业生产上，经常是用磷矿石为原料，加上石英和焦炭，再经过 1 500℃的高温，产生磷蒸气，在隔绝空气的状态下，冷凝到凉水中，才会成为固体的白磷。

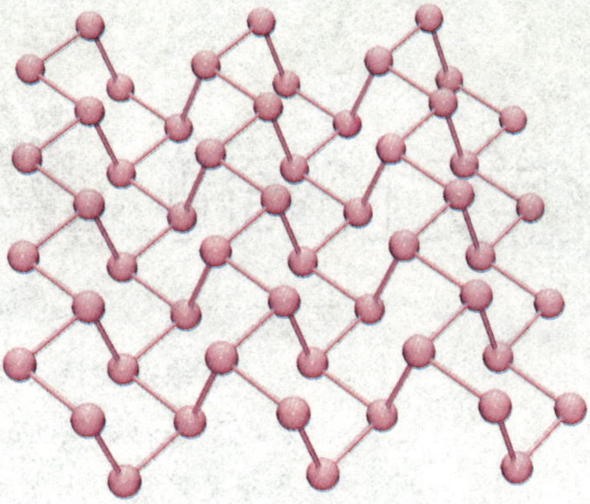

黑磷分子式（金属磷）

尿液可以制造出黄金，这根本就是一种荒谬的说法。其实，当时的人们谁也不知道人和动物的尿液里到底含有什么东西。如今我们知道，尿液中除了绝大部分水之外，主要的是尿素。此外尿液中还有一些新陈代谢的废物，其中便含有极少量的硫、磷等元素，而且是以极其复杂的有机化合物的形式存在的，只有在经过长时间的发酵蒸发后，才能变成磷酸盐。同时，由于饮食情况的不同，排泄物中所含磷的量也有所不同。

布兰德虽然没有得到黄金，却意外地制出了奇怪发光的宝物，这同样让他欣喜若狂。发光是磷和空气慢慢化合的结果，当然，这在一个世纪以后才被弄清楚，但这种发光现象却使磷的发现带上了一种魅力和神秘感。白磷是白色半透明晶体，在空气中缓慢氧化后，产生的能量以光的形式放出，因此在暗处会发光。

19 世纪早期，白磷曾被用于制作火柴，但白磷有剧毒，用起来很不安全。1845 年，奥地利化学家施勒特尔发现了红磷，并且确定了白磷和红磷是同素异形体。由于红磷无毒，在 240℃左右着火，受热后能转变成白磷而燃烧，于是红磷成为制造火柴的原料。此方法一直沿用至今。

1772 年，拉瓦锡首先把磷列入化学元素的行列。

学海拾贝

布兰德分离出来的物质像蜡一样既白又柔软，而且在黑暗中能放出闪烁的亮光。根据这些特征，布兰德将它称为 phosphorus，在希腊语中，意思就是“晨星”。金星被人们叫做晨星，因为在太阳升起前它就闪烁在东方。

化学史上的奇迹 戴维发现金属元素

戴维是法拉第的老师，有人说“戴维最伟大的发现是发现了法拉第”，而事实上，戴维在化学领域的贡献绝对是硕果累累。他靠电流的帮助，发现了金属元素钾、钠、镁、钙、锶、钡和非金属元素硼和硅等。

1778年12月17日，戴维出生在英格兰的一个小乡村。戴维幼年时活泼好动，是个名副其实的淘气包。但是，他有着惊人的记忆力和丰富的情感，能对看过的书过目不忘，能够绘声绘色地把书中的情节讲出来，还时常编些歪诗取笑小伙伴和老师。无论是大人还是孩子，都非常喜欢这个聪明的孩子。

16岁时，戴维的父亲去世了，为了养家糊口，作为长子的戴维被送到当地一位名叫柏拉兹的医生那里当学徒。在护理病人的同时，他还协助柏拉兹医生调配各种药物，用溶解、蒸馏的方法配制丸药和药水，这使他可以每天操作化学实验仪器。渐渐地，戴维对化学产生了浓厚的兴趣，但他知道自己的知识太浅薄了。于是他开始发奋学习，只要有空就阅读拉瓦锡的《化学概论》等化学著作。就这样，在四年的学徒生活中，戴维掌握了丰富的化学知识。

↑ 戴维

19世纪初，人们已经制取了氢氧化钾和氢氧化钠，但是其中的钾和钠人们用了很多办法也没有提炼出来。戴维对这项研究很感兴趣，他决定用电池通电的方法从熔化的氢氧化钾中提取金属钾。

↑戴维正在做实验。

1807 年的一天，戴维和助手在白金坩埚内放入氢氧化钾，盖上瓷盖，从瓷盖小孔中插进白金丝作为阳极，把白金坩埚作为阴极，开始用电池通电。过了一会儿，猛烈的化学反应进行完了，戴维立即切断了电流，用钳子把温度很高的坩埚夹起来，浸到冷水里，使它冷却下来。当戴维揭开盖子看的时候，坩埚里出现了有金属光泽的小珠。“我成功了！”戴维高兴地喊着。

就在这时，只听“砰”的一声，装有氢氧化钾的玻璃杯受热炸碎了，碎片溅到了戴维的眼睛里，戴维满脸鲜血地倒在了地板上。就这样，戴维的一只眼睛失明了。但是，他休息过后，又来到了实验室。助手惊奇地问：“戴维先生，你怎么又来了？”戴维笑着说：“我们的研究还没有完，我还有一只眼睛呢，虽然不太方便，但总还看得见，让我们继续实验吧！”助手紧紧地拥抱了他，热泪盈眶。

↑金属镁

不久，戴维从氢氧化钠中提炼出了金属钠。后来，他又用电解的方法制得了金属元素钠、镁、钙、锶、钡和非金属元素硼和硅，成为化学史上发现新元素最多的人。

从一位默默无闻的小学徒到举世瞩目的科学家，戴维以自己的不懈努力书写了化学史上的一个奇迹，戴维的名字也永远载入了化学史册。

学海拾贝

戴维还有一个重大发明，那就是安全矿灯。戴维发明的安全矿灯使用了一百多年，拯救了全世界千千万万矿工的生命。当时，有人劝戴维保留这一发明的专利，但是他拒绝了，他郑重申明：“我相信我这样做是符合人道主义的。”

女神的恩赐 钒

翻开元素周期表，我们会发现第 23 号元素是有色金属钒。钒的命名来源于希腊神话中一位美丽女神的名字。节烈里瓦、维勒、塞夫斯托姆等都对钒的发现，做出了一番艰苦的努力。

节烈里瓦是第一个发现钒的人。1801 年，他在含有钒的铅试样中发现了一种新的元素。由于这种新元素的盐溶液在加热时呈现鲜艳的红色，所以被命名为“爱丽特罗尼”，即“红色”的意思。但是，当时有人认为这种元素是被污染的元素铬，所以他的发现没有被认可。

1830 年，著名的德国化学家维勒在分析墨西哥出产的一种铅矿的时候，断定这种铅矿中有一种当时人们还未发现的新元素。可是，正当他找到线索的时候，却不幸因为氟化氢中毒而被迫中断了工作，因而错失了发现钒的机会。此后不久，瑞典的化学家塞夫斯托姆在研究斯马兰铁矿中的铁矿石时，用酸溶解铁矿石，在残渣中发现了钒。因为钒的化合物五颜六色，十分漂亮，所以他就用希腊神话中一位叫凡娜迪丝的美丽女神的名字给这种新元素命名，中文的音译就是“钒”。

↑ 节烈里瓦

维勒白白地失去了发现新元素的大好机会，感到很失望。于是他把事情的经过写信告诉了自己的老师——著名的瑞典化学家贝采利乌斯。贝采利乌斯给他回了一封非常巧妙的信，劝他不要为此而烦恼。信上说：“在遥远的北方，住着一位名叫‘钒’的女神。一天，她正坐在桌边，突然听见有人敲门。但女神没有马上去开门，想让那个人再敲一下。没想到那个敲门人一看屋里没动静，转身就回去了。女神走到窗口，看到敲门人的背影，心想：‘原来是维勒这个家伙！他空跑一趟是应该的，如果他再坚持一会儿，他就会被请进来了。’过后不久，又有一个敲门的人来了。由于这个人很热心地、激烈地敲了很久，女神只好把门打开了。这个人就是塞夫斯托姆，他终于发现了‘钒’。”

↑维勒

尽管节烈里瓦、维勒、塞夫斯托姆等人都曾经研究过钒，但他们始终没有分离出单质钒。直到 1869 年，英国化学家罗斯科用氢气还原二氧化钒，才第一次制得了纯净的金属钒。从此，钒才真正走入人们的视线。

如今，我们已经知道，钒广泛地分布在世界各地，但主要集中分布在中国、美国、加拿大等国家以及非洲南部、北美洲等地区。目前，已知的钒储量有 98%产于钒钛磁铁矿。除此之外，钒资源还部分存于磷块岩矿、含铀砂岩及沥青砂等矿物质中。常温下，钒的性质十分稳定，不会被氧化，即使将它加热到 300℃，它依旧如故。而且，钒不怕水、各种稀酸和碱液的腐蚀。因而，钒在工业中有着十分广泛的应用。

从节烈里瓦发现钒却未被人们认同，到维勒错失钒的发现，再到塞夫斯托姆用希腊神话中女神的名字给钒命名，钒的发现经历了一波三折。在这曲折的发现过程中，科学家体现了像钒一样顽强的品质。

学海拾贝

钒的用途非常广：钒的氧化物是化学工业中的最佳催化剂之一，有“化学面包”之称；在钢中加入少量的钒，能增强钢的弹性、强度以及抗磨损性。所以，在汽车、航空、铁路、国防工业等领域，到处可见到钒的踪迹。

曾经的“贵族”金属 铝

如今，在我们的生活中，铝制品随处可见。然而在一百多年前，铝却是一种非常稀有的金属，它的价值可以和黄金相提并论。这是因为当时提炼铝是一件极其困难的事情。

在一百多年以前，法国皇帝拿破仑三世为显示自己的富有和尊贵，曾命人给自己制造了一顶比黄金更名贵的王冠——铝王冠。他戴上铝王冠，神气十足地接受百官的朝拜，这曾是轰动一时的新闻。

其实，铝在自然界的分布很广泛，但是，因为当时的炼铝水平有限，所以铝就成了昂贵的金属。早在古代，人们曾用一种被称为明矾（硫酸铝钾）的矿物做染色固定剂，用来制作皮革。16 世纪，德国医生帕拉塞斯在铝的历史上写下了新的一笔。他研究了许多物质和金属，其中也包括明矾，证实它们是“某种矾土盐”。这种矾土盐的一种成分是当时人们还不知道的一种金属氧化物，即氧化铝。

↑厄斯泰德

1824 年，丹麦科学家厄斯泰德将氧化铝与木炭的混合物加热至白炽状态，再通入氯气，得到液态的氯化铝，然后同钾汞齐作用制成铝汞齐，最后隔绝空气蒸馏除去汞，得到一些灰色金属粉末。这种金属粉末的颜色和光泽看起来像锡，后来证明他得到的是一些不纯净的铝。由于他的实验结果发表在丹麦一个不知名的刊物上，没有引起科学界的重视。

厄斯泰德与德国化学家维勒是好朋友，一次会面后，厄斯泰德把制备金属铝的实验过程和结果告诉了维勒，并说不打算再继续做提炼铝的实验了。而维勒却对此很感兴趣，他开始重复厄斯泰德的实验，发现钾汞齐与氯化铝反应以后，能形成一种灰色的熔渣。当将熔渣中所含的汞蒸去后，得到了一种与铁的颜色一样的金属块。维勒经过证实，发现制出的不是金属铝，于是他开始重新设计自己的实验。

↑云母块，云母中存在化合态铝。

1827 年，维勒把热的碳酸钾与沸腾的明矾溶液相作用，将所得到的氢氧化铝经过洗涤和干燥以后，与木炭粉、糖、油等混合，放在密闭的坩埚中加热，得到了氧化铝和木炭的烧结物。维勒在其中通入干燥的氯气，就得到了无水氯化铝。然后，他将金属钾和无水氯化铝放在坩埚中加热。当金属钾的作用发挥完，剩下了一种灰色粉末，它就是金属铝。起初，维勒提炼出来的铝是颗粒状的，只有一个针头大小。但他坚持把实验进行了下去，终于提炼出了一块致密的铝块。

铝的发现引起了许多科学家的注意，他们纷纷开始研究铝的各种性质、用途和制造方法。1886 年，美国的豪尔和法国的海朗特各自独立地通过电解熔融的铝矾土和冰晶石的混合物制得了金属铝，奠定了今天大规模生产铝的基础。

如今，我们已经获知，自然界中的铝主要以化合态的形式存在于各种岩石或矿石里，如长石、云母、铝土矿和明矾等。在金属元素中，铝是地球上含量最丰富的一种，含量高于 7%。而各种铝制品也已经广泛地存在于我们的生活中。

学海拾贝

纯的铝很软，强度不大，有着良好的延展性，可拉成细丝和轧成箔片，大量用于制造电线、电缆、无线电工业以及包装业。它的导电能力约为铜的 2/3。

工业维生素 稀土元素

稀土有“工业维生素”之称，是一种非常重要的战略资源。从 18 世纪末开始，稀土元素陆续被发现，到现在人们已经知道的稀土一共有 17 种元素，包括镧系的 15 种元素以及与镧系关系密切的钪和钇。

第一位发现稀土元素的人是芬兰科学家约翰·加多林。1794 年，加多林在瑞典斯德哥尔摩附近一个叫意托比的小镇的采石场中发现了一种黑色矿物。他对这种矿物作了仔细的分析，在用分级结晶的方法分离该矿时，他发现了一种新的元素，把它命名为钇。尽管当时加多林得到的钇还不纯，可是他仍被认为是最先发现稀土元素的学者。

自加多林发现稀土元素后，瑞典化学家莫桑德对稀土研究产生了兴趣。莫桑德是著名化学家贝采里乌斯的学生，他对稀土元素复杂性的揭示比其他任何人都更深入。1839 年，莫桑德将硝酸铈加热分解，发现只有一部分溶解在硝酸中，他把溶解的氧化物称为镧土，“镧”在希腊文中的意思是“隐藏”。从此，镧便登上了历史的舞台。今天，我们已经知道，镧的用途非常广泛，如用于电热材料、发光材料、各种合金材料以及制备许多有机化工产品的催化剂中。

↑莫桑德

在发现镧后，莫桑德又对镧进行了一系列的研究。他从镧中又发现了一种新的元素，但它不是单一元素，这种元素的性质与镧非常相似，因此被定名为“镨钕”，“镨钕”为希腊语中“双生子”的意思。此外，莫桑德还相继发现了铽、铒等稀土元素。

稀土金属矿

1885 年，奥地利人韦尔斯巴赫成功地从“镨钕”中分离出了两种元素，一种取名为“钕”，另一种则命名为“镨”，从此，“双生子”被分隔开了。此外，韦尔斯巴赫还发明了用稀土材料制造白热煤气罩（又称韦尔斯巴赫煤气纱罩）、锇丝电灯、铁铈合金制成的自动煤气灯等，极大地改善了人民的生活。1903 年，韦尔斯巴赫又通过自身的不懈努力，发现了稀土元素铈的第二大用途，即铈铁合金在机械摩擦下能产生火花，可以用来制造打火石。韦尔斯巴赫的研究对社会作出了巨大贡献，因此他赢得了世界人民的爱戴和敬仰。

在工业领域，将稀土元素加入钢中，能起到精炼、脱硫、中和低熔点有害杂质的作用，并可以改善钢的加工性能；稀土硅铁合金、稀土硅镁合金被广泛用于汽车、拖拉机、柴油机等机械制造业等。在农业方面，据研究表明，稀土元素可以提高植物的叶绿素含量，增强光合作用，促进根系发育，增加根系对养分的吸收。稀土元素还能促进种子萌发，提高种子发芽率，促进幼苗生长。除此之外，稀土元素还具有使某些作物增强抗病、抗寒、抗旱的能力。

此外，稀土元素还被应用到化学、生物学、航天、军事等各个领域。人们越来越认识到，稀土已经成为一种十分珍贵的资源。

学海拾贝

“稀土”是历史遗留下来的名称。当时的人们常把不溶于水的固体氧化物称为土。稀土一般是以氧化物状态分离出来的，又很稀少，因而得名“稀土”。

测定原子量的专家 理查兹

理查兹是美国著名的化学家，他对以前测定原子量的方法进行了改进，重新精确核定了 60 多种元素的原子量，并对铅的同位素进行了研究。由于理查兹在原子量测定方面的贡献，从而获得了 1914 年度诺贝尔化学奖。

1868 年 1 月 31 日，理查兹出生在美国宾夕法尼亚州一个知识分子家庭，他的父亲是一位画家，母亲是一位诗人。在家庭的熏陶下，他从小就喜欢读书和绘画，对天文学和化学也很迷恋。

理查兹在幼年时就表现出卓越的天分，他所受的教育有别于一般的孩子，他的小学和中学都是在家中完成的。14 岁时，理查兹进入哈佛大学学习，在库克教授的指导下，理查兹的才华充分地展现出来，20 岁时获得了哈佛大学博士学位，是该校有史以来最年轻的博士，轰动一时。毕业后，理查兹被邀请留校任教，并致力于原子量的研究。

哈佛大学

当时，人们一直认为比利时的化学家斯塔在 1860 年测定的原子量是最精确的，没有人提出质疑。理查兹是首位敢于对斯塔的原子量提出质疑的人，为此，他遭到了很多人的嘲笑，认为他是个十分狂妄的年轻人。但是，理查兹并不在意，从 1883 年开始，他系统地对斯塔的原子量进行了验证和修定。

在测定原子量的研究中，理查兹大大改进了重量法测定原子量的技术，发明了浊度计，引用了石英仪器等进行测量。他的实验极为精细，首先测定了氧的原子量。此后，他陆续测定出铜、钡、锶、钙、锌、镁、镍、钴、铀、铯等 25 种元素精确的原子量，并指出了前人的错误及其原因。

经过各国专家的严格鉴定，理查兹所测定的原子量得到了公认。有关原子量的研究终于有了一个清晰、科学的理论。

理查兹

1905 年，理查兹开始研究铅的同位素和热化学。1913 年在他领导下，哈佛大学建立起当时最先进的化学实验室。此后，他重新精确核定了 60 多种元素的原子量。同年，他仔细测定了不同来源的放射性矿物中铅的原子量，测得由铀衰变生成的铅的原子量是 206.08，从钍衰变而来的铅的原子量是 208，普通的铅的原子量是 207.2。从而，理查兹证实了同位素的原子量不同，但化学性质一样，并进一步证实了放射性衰变理论。

鉴于理查兹在原子量测量方面的贡献，瑞典皇家科学院授予他 1914 年度诺贝尔化学奖，他成为美国首位诺贝尔化学奖得主。

理查兹还是一位桃李满园的教授，他培养了众多杰出的科学家，如 L. J. 亨德森、G. N. 路易斯等。1928 年 4 月 2 日，理查兹逝世于马萨诸塞州坎布里奇。世人将永远记住这位对原子量的测量作出杰出贡献的化学家。

学海拾贝

在热化学方面，理查兹改进了计量方法，发明了绝热量器；他还测定了金属在不同酸溶液中的生成热、各种有机物的燃烧热与中和热、液体的蒸发热及低温下多种液体和固体的比热，并取得了卓有成效的进展。

漫长的历史 发现钢铁中的秘密

尽管铁在自然界中分布极广，但我们在地球上却找不到天然单质状态的铁，所以，人类发现和利用铁的时间比黄金和铜要晚。直到 19 世纪末，许多关于钢铁的秘密才被人类发现。

早在 1841 年，俄国人阿诺索夫就在放大镜下研究了大马士革钢剑上的花纹。1863 年，英国人索比展示了钢铁在显微镜下的 6 种不同的金相组织，证明了钢在加热和冷却时，内部会发生组织改变，例如，钢处于高温时的相在急冷时会转变为一种较硬的相，从而促进了金相技术的发展。此后，马滕斯用自制的显微镜观察了铁的金相组织，并在 1878 年发表了《铁的显微镜研究》论文，阐述了金属断口形态以及其抛光和酸浸后的金相组织。可以说，他们都为现代光学金相显微术奠定了基础。至此，钢铁中的许多秘密被人们一一揭开。

↑ 马滕斯

马滕斯是 19 世纪德国的冶金学家，他早年作为一名工程师，从事铁路桥梁的建设工作。在研究光学金相显微术时，他观察到生铁在冷却和结晶过程中的组织排列很有规则，并预言显微镜研究必将成为最有用的分析方法之一。为了进一步研究金相技术，马滕斯在柏林皇家材料实验所建立了一流的金相实验室，对钢铁的物理性能和化学性能的研究作出了巨大贡献。直到现在，德国依然有一个声望颇高的奖项以他的名字命名。

钢铁建筑物随处可见。

在黑色金属材料的组织中，还会经常听到这样一个名称——奥氏体，它是根据英国冶金学家罗伯茨·奥斯汀的名字命名的。奥氏体是一种塑性很好、强度较低的固溶体，具有一定韧性，不具有铁磁性，因此分辨奥氏体不锈钢刀具的方法之一就是用磁铁来看刀具是否具有磁性。

奥斯汀于 1843 年 3 月 3 日出生于英国的肯宁顿，18 岁时进入皇家矿业学院，后来在造币厂从事金、银和合金成分的研究。奥斯汀用量热计法测定了银铜合金的凝固点，并首先用冰点曲线表示其实验成果。1876 年，奥斯汀与别人合作用光谱仪作定量分析，取得了突破性进展。进入 19 世纪 80 年代，奥斯汀开始研究钢的强化，同时着手研究少量杂质对金的拉伸强度的影响。他将研究成果写成论文发表，成为早期用元素周期表解释一系列元素特性的范例。

奥斯汀是一位在多项研究领域都作出了杰出贡献的科学家。他是第一幅铁碳相图的绘制者，第一个用定量试验验证菲克扩散定律的人，他还与法国的勒夏忒列并称为“差热分析的鼻祖”。此外，他还是举世闻名的铸币权威。1875 年，奥斯汀当选为英国皇家学会会员，并于 1899 年被授予爵士爵位。

今天，钢铁已经成为人们生活中使用最普遍的物质了，钢铁工业是最重要的基础工业，是其他工业发展的物质基础。

学海拾贝

中国是世界上最早生产钢的国家之一。考古工作者曾经在湖南长沙杨家山春秋晚期的墓葬中发掘出一把“铁剑”，通过检验，结果证明是钢制的。

奥斯汀

第三章 *Di-san Zhang*

无机物和有机物

Wujiwu He Youjiwu

世界上含碳的化合物非常多，蔗糖、淀粉、纤维素、油脂、蛋白质等都是含碳的化合物，它们都是人类生存的必需品，人们把这类含碳的化合物叫做有机化合物，简称有机物。无机物一般指碳元素以外各元素的化合物（但包括碳的氧化物、碳酸盐、氰化物等），如水、食盐、硫酸、无机盐等。

肥料工业之父 李比希

李比希开创了农业化学的研究，提出植物需要氮、磷、钾等基本元素，并成功研制出化学肥料，因此，他被农学界称为“肥料工业之父”。如今，化肥已被广泛运用于农业生产中，造福于人类。

1803年5月12日，李比希诞生在德国的达姆施塔特。他的父亲是一个染料制造商，家中有许多化学药品。小小的李比希经常自己动手做化学实验，他对实验和观察有着浓厚的兴趣。他把父亲店铺后边的厨房改造成自已的实验室，在阁楼上，自己偷偷做雷酸盐的实验。有一次他在做雷酸汞的实验时，引起了爆炸，震动了整个楼房。幸运的是，他没有受伤，父亲也没有责怪他，还称赞他有探索精神。

↑李比希

因为李比希自幼酷爱化学，却对其他学科都不感兴趣，结果15岁时连中学都没念完就辍学了。到18岁时，李比希终于深刻地认识到，要想成为一名化学家，必须要有扎实的知识基础，这时他才进入大学发奋苦读。大学还没毕业，李比希就来到巴黎的索邦大学继续深造。他在1824年获得化学博士学位，并被聘为吉森大学的化学教授。

有一天，李比希来到城郊的庄稼地里，察看庄稼和土壤。他看见几个农民正在田间劳作，他们个个眉头紧锁。李比希问他们：“这几年的庄稼收成好吗？”其中一个农民忧心忡忡地说：“年复一年地种植庄稼，土地越来越贫瘠了，哪能指望有好收成呢。”农民的话让李比希陷入了沉思，他想：“要是能给土地添加些营养，庄稼不就会丰收了吗？”

↑肥料可以使土壤团粒化，改善土质通气及保肥力，使土壤更加肥沃。

说干就干，李比希马上开始大量地阅读书籍、报刊，并和助手做了大量的实验。在实验中，他发现氮、氢、氧这三种元素是植物生长不可缺少的物质。而且，钾、苏打、石灰、磷等物质对植物的生长发育也起了一定的作用。“接下来的工作是研制出含有这些无机盐和矿物质的人工合成肥料”，李比希对助手们说。

1840 年的一天，李比希的化学实验室里洋溢着欢乐的气氛，世界上第一批钾肥、磷肥在这里诞生了。李比希把这些洁白晶莹的无机化肥小心地施撒在实验田里，密切注意着庄稼的变化。可是没过几天，一场大雨不期而至。助手们发现那些化肥晶体被雨水一泡后，很快变成液体渗入土壤的深层，而庄稼的根部却大多分布在土壤的浅层。果然，收获的季节到了，实验田里的庄稼并没有显著的增产。于是，他们又开始了新的探索。这一回，李比希把钾、磷酸晶体合成难溶于水的盐类，并且加入少量的氨，使这种盐类成为含有氮、磷、钾三种元素的白色晶体。

李比希和助手们把这些白色晶体和黏土、岩盐搅拌在一起，施在一块被农民认为是“不毛之地”的土地上，然后种上了庄稼。过了一段时间，农民们惊奇地发现，在那块被废弃的“不毛之地”上竟然奇迹般地长出了绿油油的一片庄稼，而且越长越茁壮。消息很快就传了出去，李比希成为德国农民们最敬仰的人物。

学海拾贝

李比希一生不仅为无机化学、有机化学、生物化学、农业化学作出了巨大贡献，还为化学事业培养了一大批第一流的化学家，俄国的齐宁，法国的日拉尔，英国的威廉姆逊，德国的霍夫曼、凯库勒等都是他的学生。

溶解金的强酸 王水

金和铂属于金属元素中性质不活泼的金属，它们拥有非常强的耐腐蚀性，但是有一种液体却可以轻易将它们溶解，它就是王水。一些极难或根本无法实现的化学反应，在王水超强的酸性条件下都可以顺利进行。

早在公元 8 世纪时，阿拉伯的炼金术士贾比尔就把硝石、明矾和硫酸盐混合在一起，经过高温蒸馏得到了一种能溶解金子的液体，也就是王水。

关于王水，历史上有一个故事。第二次世界大战期间，德国纳粹政府要没收两位科学家劳厄和弗兰克的诺贝尔奖牌，他们分别是 1914 年和 1925 年的诺贝尔物理学奖得主。他们想：绝不能让奖牌落入纳粹之手。于是，他们辗转来到丹麦的首都哥本哈根，请求丹麦同行——1922 年诺贝尔物理学奖得主玻尔帮忙保存奖牌。玻尔爽快地答应了。

贾比尔

1943 年 9 月的一天，丹麦的反法西斯组织派人告诉玻尔一个紧急的消息：德国法西斯准备对他下手了！玻尔马上开始准备自己的行装，打算躲开那些强盗。在收拾行李时，他意识到如果把劳厄和弗兰克的诺贝尔奖牌带在身上是很危险的。但是情况紧急，如果不带在身上，落入纳粹之手该怎么办呢？玻尔一时没了主意，急得团团转。这时，同在实验室工作的一位匈牙利化学家赫维西帮他想了个好主意，将奖牌放入王水中，这样纳粹就找不到了。对啊，玻尔茅塞顿开。他立刻将奖牌放入王水

↑实验室中配制的王水

中，纯金奖牌便溶解了。然后，玻尔将溶液瓶放在实验室一个不起眼的架子上，来搜查的纳粹士兵果然没有发现这一秘密。

战争结束后，玻尔回到了自己的实验室，看到那个溶液瓶还在那里。玻尔将溶液瓶里的黄金还原后，送到斯德哥尔摩，按当年的模样重新铸造，于 1949 年完璧归赵。当时弗兰克工作的美国芝加哥市还专门举行了一个隆重的奖牌归还仪式。这件事成为科学史上的一段佳话。

今天，我们已经知道，在实验室里王水是由 1 体积的浓硝酸和 3 体积的浓盐酸混合而成的。王水的氧化能力极强，被称为“酸中之王”。一些不溶于硝酸的金属，如金、铂等都可以被王水溶解。虽然王水的两个组成部分单一无法溶解金，但它们联合起来却可以将金溶解，原理是这样的：硝酸是一种极其强烈的氧化剂，它可以溶解极微量的金，而盐酸能够与溶液中的金离子反应，形成氯化金，使金离子离开溶液，这样硝酸就可以进一步溶解金了。王水虽然能够溶解耐腐蚀性极强的金和铂，但是俗话说得好，“一物降一物”，王水拿塑料等碳氢化合物却毫无办法，这些塑料可以在王水中毫发无损。

学海拾贝

王水又称“王酸”，是浓盐酸和浓硝酸组成的混合物，是一种腐蚀性非常强，挥发出黄色气体的液体。王水极易分解，有氯气的气味，它是少数几种能够溶解金的物质之一。

众多化学家的努力 有机化学的发展

有机化学是研究有机化合物的来源、制备、结构、性质、应用以及有关理论的科学，是化学中极重要的一个分支。作为一个学科，它确立于19世纪初。在其漫长的发展过程中，许多化学家都进行了不懈的研究和探索。

有机化合物又简称有机物，不同的历史时期有不同的含义。最早，有机物是从动植物体中分离出来的，所以称为“有生机之物”。那么，“有机化学”这一名词是由谁提出的呢？他就是瑞典化学家贝采利乌斯。

贝采利乌斯是开创有机化学研究领域的杰出化学家，他于1806年首次提出了“有机化学”这一概念。但是，受当时科学条件限制，有机化学研究的对象只能是从天然动植物有机体中提取的有机物。因而许多化学家都认为，生物体内存在所谓的“生命力”，才能产生有机化合物，而在实验室里是不能由无机化合物合成有机化合物的。

↑贝采利乌斯

在贝采利乌斯之后，格梅林也为有机化学下了定义。格梅林是海德堡大学的教授，由于他在1822年发现了氰化钾和在分析化学方面的贡献而成为享誉德国的化学家。他写了一本篇幅很大的化学教科书，影响很大。书中对有机物的分类采用了罗朗的观点，即烃通过置换反应可以生成各种衍生物，而新的物质应当与最初的物质有类似之处。

1846 年，法国有机化学家热拉尔根据有机物都含有碳这一事实，主张把有机化学可以定义为含碳化合物的化学。但是，有一个问题困扰着他，不少无机化合物也含有碳，怎样解决这一矛盾呢？ 1848 年，格梅林指出，有机物都含有碳，而有机物的特点在于分子中含有一个以上的碳原子。于是，格梅林认为碳是有机化合物的基本元素，应该把碳化合物称为有机化合物，把有机化学定义为碳化合物的化学。至此，有机化学有了明确的定义。

↑凯库勒

凯库勒是举世公认的有机化学的权威，他为有机化学作出了许多开创性的贡献。1857 年，凯库勒提出了碳原子是四价和碳原子间可以相互键联的学说。这一学说是有机化学的基本理论，也是有机化学发展的关键点。然而这个学说的基本观点和思想并没有立即为广大化学家所接受，特别对于碳原子的四价是否等同、碳原子间又是如何相连等问题的认识很不统一。为此，另一位德国化学家肖莱马选择了这一课题作为自己的攻关对象。

肖莱马做了大量的相关实验，最后以雄辩的事实证明碳原子的四价的同一性，并在此基础上发展了碳化合物的观点。肖莱马提出，碳的四个价键除自相连结外，其余与氢结合，形成各种各样的烃，其他的碳化合物都是由别的元素取代烃的氢衍生出来的。因此，他把有机化学定义为研究烃（碳氢化合物）及其衍生物的化学。

学海拾贝

碳原子，一般是通过与其他原子共用外层电子而达到稳定的电子构型的，即形成共价键。这种共价键的结合方式决定了有机化合物的特性。大多数有机化合物由碳、氢、氮、氧几种元素组成。

鲍林的发现 甲烷的分子结构之谜

鲍林是美国著名的量子化学家，提出了杂化轨道理论，为我们揭开了甲烷的分子结构之谜。他在一生中曾两度获得诺贝尔奖，他自强不息的奋斗精神和为保卫和平而作出的巨大贡献，被科学界传为佳话。

1901年2月18日，利留斯·卡尔·鲍林出生在美国俄勒冈州的波特兰市。他的父亲是一位药剂师，工作起来一丝不苟、兢兢业业。父亲的言行潜移默化地影响着鲍林，也激发了他对科学的热爱。不幸的是，父亲在鲍林幼年时就去世了，而母亲又身患重病，年仅9岁的鲍林勇敢地扛起了生活的重担。

利留斯·卡尔·鲍林

鲍林一边上小学，一边靠打零工赚钱贴补家用。在这样艰苦的条件下，鲍林完成了中学学业。1917年，鲍林以优异的成绩考入俄勒冈州农学院化学工程系。毕业后他留校任教，工作期间他依然坚持学习，并于1925年获加州理工学院博士学位。

20世纪20年代初，鲍林开始研究化学键。他从研究硫钼矿的晶体入手，用X射线进行分子结构测定的研究，成功地对辉钼矿的晶体进行了测定，绘制出当时最精确的分子结构图。鲍林在探索化学键理论时，遇到了甲烷的正四面体结构的解释问题。传统理论认为，原子在未化合前外层有未成对的电子，这些未成对电子如果自旋反平行，则可两两结成电子对，在原子间形成共价键。但是，这一理论无法解释甲烷的正四面体结构。

↑甲烷分子的三维空间图

为了解释甲烷的正四面体结构，说明碳原子四个键的等价性，鲍林于1928年开始了长达三年的研究。在掌握了大量详实的资料后，他提出了杂化轨道理论。该理论的根据是电子运动不仅具有粒子性，同时还有波动性，而波又是可以叠加的。所以鲍林认为，碳原子和氢原子结合成键时，所使用的轨道不是原来的s轨道或p轨道，而是二者经混杂、叠加而成的“杂化轨道”，这种杂化轨道在能量和方向上的分配是对称均衡的。

杂化轨道理论很好地解释了甲烷的正四面体结构。此外，鲍林还提出了用以描述原子核对电子吸引能力的电负性概念，在氨基酸和多肽链的研究上作出了杰出贡献。1954年，鲍林获得诺贝尔化学奖。

20世纪50年代以后，随着核武器的加速扩散，鲍林开始公开呼吁反对把科研成果用于战争。1955年，鲍林和爱因斯坦、罗素、约里奥·居里、玻恩等人，签署了一个宣言，呼吁科学家应共同反对发展毁灭性武器，反对战争，保卫和平。鲍林还于1957年起草了《科学家反对核实验宣言》，得到了世界各国科学家的积极响应。同年，他写了《不要再有战争》一书，向人们说明了核武器对人类的重大威胁。由于鲍林对和平事业的贡献，他在1962年荣获了诺贝尔和平奖。

1994年8月19日，鲍林以93岁高龄在他加利福尼亚州的家中逝世。鲍林曾被英国《新科学家》周刊评为人类有史以来20位最杰出的科学家之一，与牛顿、居里夫人及爱因斯坦齐名。

学海拾贝

甲烷是一种可燃性气体，在自然界分布很广，是天然气、沼气、油田气及煤矿坑道气的主要成分。它可用做燃料及制造氢气、一氧化碳等物质的原料。甲烷对人基本无毒，但浓度过高时，会导致空气中氧含量降低，使人窒息。

神奇的碳结构 富勒烯

富勒烯是一种碳的同素异形体。任何由碳一种元素组成，以球状、椭圆状或管状结构存在的物质，都可以被叫做富勒烯。由于其独特的结构和化学物理性质，富勒烯已对化学、物理、材料科学产生了深远的影响。

1985年，英国的科学家哈罗德·沃特尔·克鲁托和美国的科学家罗伯特·弗洛伊德·柯尔、理查德·埃里特·史沫莱共同发现了碳元素的新形式——富勒烯，它是继石墨和金刚石后又一类碳的同素异形体。它的发现创立了一个崭新的化学分支，对于巨大的碳循环和经典芳香烃之类广泛存在的科学问题的概念产生了重大影响。1996 年，他们因此分享了诺贝尔化学奖的殊荣。

1939 年 10 月 7 日，克鲁托出生于英格兰剑桥郡，1964 年，他获得舍菲尔德大学化学博士学位。此后，他一直在萨塞克斯大学从事教研工作。他主要从事瞬间光解所产生自由基的高分辨电子光谱、电子和微波光谱、利用拉曼光谱对液态中间体的研究等。

↑理查德·埃里特·史沫莱

1985 年，克鲁托运用微波光谱测量大气层和气云时，发现了长形链状碳。为了找到这些碳链形成的途径，他与史沫莱和柯尔合作，用史沫莱设计的激光超声束光仪在氦气中将石墨汽化，产生了碳原子束，获得了含 40 个~100 个以上偶数碳原子相应的未知形式的碳谱线。

通过为期 11 天的实验，他们发现，

这种分子由 60 个碳原子组成，有 60 个顶点和 32 个面，其中 12 个面是五角形，20 个面是六角形，它们结成一个高度匀称、类似球体的中空结构。他们把这种独特的分子命名为“富勒烯”，这一名称源自美国建筑师巴克敏斯特·富勒，因为这种分子结构与他设计的多面体穹顶相似。

诺贝尔博物馆里的富勒烯模型

富勒烯由 60 个碳原子组成，简称碳 60，它的几何结构像足球，所以又称为足球烯、富勒球。富勒烯的直径仅有 0.71 纳米，堪称世界上最小的“足球”。实际上，富勒烯并没有“烯”的结构，称其为“富勒碳”更为妥当。现在，人们已习惯称其为足球烯。

对富勒烯的研究作出突出贡献的科学家之一——柯尔于 1933 年 8 月 23 日生于得克萨斯州。1954 年，柯尔获得赖斯大学学士学位。此后，他来到加利福尼亚大学伯克利分校继续深造，并于 1957 年获得博士学位。自 1958 年以来，柯尔一直在赖斯大学任教，主要从事微波及红外光谱的研究。

另一位科学家史沫莱于 1943 年 11 月 7 日生于美国俄亥俄州。1973 年，他获得普林斯顿大学化学博士学位。此后，他一直在赖斯大学工作，从事超声束激光光谱的研究。

富勒烯的首次发现，让科学界对其完美的结构感叹不已，大自然造物时简单与美的和谐在这个结构上得到了最充分的体现。富勒烯有着无数优异的性质，它本身是半导体，掺杂后可变成临界温度很高的超导体，由它所衍生出来的碳微管比相同直径的金属强度高 100 万倍。小小的富勒烯正以其独特的魅力影响和改变着这个世界。

学海拾贝

富勒烯分子具有芳香性，溶于苯呈酱红色，有润滑性，可能成为超级润滑剂。金属掺杂的富勒烯有超导性，是有发展前途的超导材料。富勒烯还可能在半导体、催化剂、蓄电池材料和药物等许多领域得到应用。

维勒的伟大发现之一 乙炔

乙炔俗称风煤、电石气，在常温下是一种无色、极易燃的气体，主要应用于工业，特别是烧焊金属方面。德国化学家维勒是乙炔的发现者。一个多世纪以来，许多科学家都对乙炔进行了探索。

1800年7月31日，维勒出生在德国的埃斯欣姆，他从小就喜爱化学，经常自己动手做各种实验。但是，维勒上大学时按照全家人的意见，选择了医学，后来由于他的老师格梅林的劝说而转入化学界。

维勒是一位身材高大、举止文雅的外科医学博士，而这位外科医学博士在化学实验研究方面有着高深的造诣。他的第一篇科学论文是对硫氰酸汞的一个实验现象的描述，这篇论文发表在《吉尔伯特年鉴》上。文章虽然不长，但却引起了贝采利乌斯的重视。贝采利乌斯在他撰写的《年度述评》中，以十分赞许的口吻对这篇文章作了肯定的评价。维勒的文章显示出他在化学方面有非常深厚扎实的知识和他具备极好的实验才能。可是谁能相信，这时的维勒还没有听过一次正式的化学课呢？

↑维勒

后来，维勒来到瑞典和贝采利乌斯一起搞研究，并与之成为莫逆之交。维勒最初的兴趣在无机化学上。当时，化学界根据化学物质是否来源于有生命的组织，把它们分成两类——有机物和无机物，制成有机物需要“生命力”，而这在实验室内是不可能找到的。因此，化学家不能在没有生命组织的帮助下，从无机物合成有机物。维勒的一个偶然发现改变了这种状况。1828 年，维勒把氰酸铵加热，以查明某种物质的行踪。使他感到吃惊的是，他发现由氰酸铵生成的结晶很像尿素，经过实验证明它就是尿素，而尿素是哺乳动物排泄掉的含氮物质，是在尿中发现的，肯定是一种有机物。尿素的制成，鼓舞了其他化学家着手从无机物合成有机物的研究。

乙炔现在被广泛用于照明、焊接等工业中。

维勒的另一突出贡献是发现了乙炔。1842 年，维勒制备出了碳化钙，并发现碳化钙能迅速与水反应生成一种可燃性气体，这种气体就是乙炔。后经莫瓦桑和维尔逊等人的积极努力，在 1892 年乙炔得以工业化生产，即在电热炉内加入石灰石和焦炭制得电石，向其注入水来大量制造乙炔。

1928 年，德国有机化学家列培开拓了乙炔在加压下可安全反应的技术。这虽然在过去被认为是办不到的事情，但他经过仔细研究，设计出一些十分安全可靠的装置，并将其造出来。而且通过认真研究，他明确了乙炔铜之类的化合物还是乙炔反应的有效催化剂。他根据这些研究成果很容易得到从乙炔出发制得与过去完全不同的一些有机物，这使合成橡胶、合成树脂、合成纤维等领域有了显著的进步。

如今，乙炔已作为化学工业的原料，被广泛用于照明、焊接等工业中，也是制造乙醛、醋酸、苯等物质的基本原料。

学海拾贝

炔是一类有机化合物，属于不饱和烃。简单的炔烃化合物有乙炔、丙炔。纯乙炔为无色无味的易燃、有毒气体，在液态、固态、气态和一定压力下有猛烈爆炸的危险，受热、震动等因素也可以引发爆炸。

马格拉夫的发现糖

德国化学家马格拉夫是为制糖工业作出巨大贡献的化学家之一，分析化学的创始人。他从甜菜中发现了糖，扩大了人类制糖原料的来源，使我们每时每刻都可以品尝到美味的糖。

史前时期，人类就已经知道从鲜果、蜂蜜、植物中摄取甜味食物，比如古罗马人会用蜂蜜将一个杏仁裹起来，制成美味可口的甜杏仁。但是，由于古代的各种甜品价格昂贵，直到 18 世纪还是只有贵族才能品尝到它们。后来，由于甘蔗、甜菜等植物的兴起，制糖工业有了极大的发展，糖果才进入了平常百姓家。

1709 年 3 月 3 日，马格拉夫生于德国柏林，他的父亲是普鲁士王朝的宫廷药师，这使他从小就接触了一些化学制剂，从而对化学萌生了极大的兴趣。

↑马格拉夫

成年后，马格拉夫在德国的不少地方学过药学、化学和冶金学。后来，他被选进普鲁士皇家科学院，并被腓特烈二世指派为该院的化学实验室主任。马格拉夫最大的成就是从甜菜等多种常见植物中提取出了一种结晶状物质，后来发现这种物质就是糖。这一发现为甜菜制糖这一欧洲的重要工业打下了基础。

在马格拉夫生活的年代，人们已经掌握了用甘蔗汁熬糖的方法。但是，在气候寒冷的欧洲，甘蔗不容易栽培。于是，马格拉夫决定在甘蔗之外的植物中提取糖。基于对咸味植物的汁液中含盐，甜味植物的汁液中含糖的认识，马格拉夫于1747年研究了甜菜、南瓜、桦树汁、胡萝卜等多种植物，经过大量的探索和实验，马格拉夫从甜菜的块根中发现了甜菜糖。他将自己的研究成果写成《制糖的化学实验》一书，但当时并未引起化学界的重视。

1786年，马格拉夫的学生F. K.阿哈尔德在柏林近郊试种甜菜成功，实现了从甜菜中提取甜菜糖并开始进行甜菜的选择和育种工作。1799年，阿哈尔德发表论文，宣告可以用甜菜制糖。

1802年，阿哈尔德在东欧西里西亚附近的库内恩建立了世界上第一座甜菜厂。同年，俄国也建成一座甜菜厂。1811年，法国又建成一座甜菜厂。此后，欧洲各国相继建了甜菜厂，甜菜制业很快兴起。1812年，英国的霍瓦德发明了真空蒸发罐，把甜菜汁放进罐中，降低压力，可以使水分迅速蒸发，然后从甜菜汁中提取出糖。这是个了不起的发明，它很快在世界上许多国家应用。

除了从甜菜中发现糖外，马格拉夫在其他方面也取得了非凡的成就，马格拉夫是一个在多方面取得成就的化学家。

学海拾贝

甜菜古称忝菜，是我国主要的糖料作物之一。甜菜浑身都是宝，叶可做饲料，茎可做土壤肥料，根可制糖。甜菜根部糖的含量为10%～20%，其根中部含糖最高，越靠近两端，含糖越低。

甜菜原产于欧洲西部和南部沿海，是除热带甘蔗以外的一个主要的糖的来源。

梦中得真知 苯环结构的发现

在有机化学发展史上，凯库勒关于苯环结构的发现具有里程碑式的意义。因为这个发现不仅使有机化学在理论上取得了蓬勃的发展，并且促使人们建立起了庞大的有机化学工业，促进了社会文明的发展。

早在19世纪初期，科学家就发现了一种新的化学物质，知道这种物质是由碳和氢两种元素组成的。1825年，英国科学家法拉第仔细研究了这种被叫做“重碳化氢”的化学物质，并测量出这种化学物质中碳和氢的重量比例。后来人们把“重碳化氢”改称为苯，但依旧不知道碳和氢是如何构成苯分子的，这个谜团困扰了化学界将近半个世纪。

就在法拉第得出部分研究成果四年后的1829年，凯库勒诞生在了德国的达姆施塔特市。凯库勒从小就对数学和建筑设计有着无比的兴趣，因此他在18岁的时候进入吉森大学，学习建筑设计。后来，在听了化学家李比希的课程后，凯库勒的兴趣转向化学研究，并终身从事这一行业。

↑法拉第

从吉森大学毕业后，凯库勒先后去了法国、瑞士和英国学习，后来回到德国，成为根特大学的教授。因为对空间结构有着特殊的爱好，凯库勒相信化学物的性质和分子空间结构有着密不可分的关系，因此他主要从事分子结构的研究，并取得了许多成果，其中最大的成果就是提出碳原子具有四价，因此可以互相连接成链，构成复杂的有机物的理论。但是这个理论在苯分子上却不起作用了，因为苯分子无论怎么连接，也无法和理论相符。凯库勒一直为此冥思苦想，在此期间，一些科学家对苯分子结构的讨论也对他起到了一定的帮助作用。

经过多年思考，苯分子的结构好像就在凯库勒身边飘荡，但是却又抓不住，这让凯库勒十分困惑。大约是在 1864 年的冬天，凯库勒坐在火炉边，继续画着苯分子的结构图，画着画着，他不知不觉地睡着了。凯库勒做了一个奇特的梦，他梦到自己进入了分子的世界，各种形状不一的分子在他的身边跳动，一些熟悉的分子慢慢向后面退去，新的分子涌到他的眼前。忽然，凯库勒注意到一串奇怪的分子，它像一条蛇一样扭动。这条蛇忽然用自己的嘴咬住尾巴，变成一个环，在他眼前不停地转动。凯库勒恍然大悟，这就是自己苦苦思索而不得的苯分子结构。

凯库勒

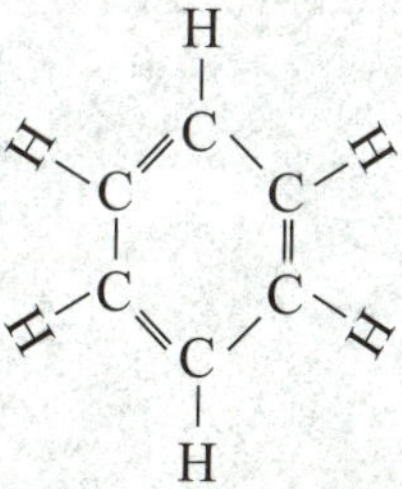

苯环分子式为 C_6H_6

凯库勒立刻醒了过来，他忙了一整夜，终于画出了苯分子的结构图。正如我们今天看到的那样，苯分子中的六个碳原子首尾连接，构成一个环状结构，每个碳原子上都接有一个氢原子。这种结构既可以解释苯分子中碳氢的质量比例，又满足四价碳链的理论，可以说是再完美不过的结构了。

凯库勒立刻发表了自己的见解，这个见解震惊了整个科学界。凯库勒提出的苯分子结构不仅解决了困扰科学界半个世纪的难题，也为后来科学家揭开其他复杂化合物的分子结构提供了基础，因此现在我们把苯分子的环状结构称为“凯库勒式”。

1896 年春天，柏林发生了严重的流感，早已患慢性气管炎的凯库勒被感染后，病情日益恶化，同年 6 月 13 日，他与世长辞了。作为一位杰出的科学家，凯库勒的成就得到了全世界的普遍认可。

学海拾贝

虽然凯库勒是一位杰出的化学家，但在建筑方面，他却表现了惊人的天资。当凯库勒还是一位中学生时他就曾参与了达姆施塔特市三幢新房子的设计工作。

有机化学的先驱 瓦拉赫

奥托·瓦拉赫是德国有机化学家，他的成功过程极富传奇色彩。在父母先后为其选择的文学和艺术之路上，瓦拉赫表现得十分笨拙，然而，在化学老师的建议下，他最终走上化学研究的道路，并获得了成功。

1847年3月27日，瓦拉赫出生于普鲁士柯尼斯堡一个官员家庭。瓦拉赫的父母对他的管教很严格，他从小就养成了做事严谨、一丝不苟的习惯，但同时也造就了他拘谨、严肃刻板的性格。

在求学的道路上，瓦拉赫的经历可以说是一波三折。他的父母希望他成为一个知书达理的人，曾经为他选择学习文学和艺术史，但是他的成绩十分糟糕。虽然瓦拉赫没有成为文学家或艺术家，但他一生都对文学和艺术充满兴趣。

瓦拉赫虽然在文学和艺术上没有特别的天赋，但在进入哥廷根大学后，他很快发觉化学这门学科非常适合他，因此开始走上科学探索之路。

哥廷根大学

由于瓦拉赫的一丝不苟，做实验时力求准确，计算十分精确，深得维勒教授的赏识。1869年，瓦拉赫获得博士学位，在维勒教授的指导下，开始对有机化学进行研究。1870年，他在波恩大学担任著名有机化学家凯库勒的助手。凯

↑瓦拉赫

库勒教授在他著名的《苯分子组成论》论文发表前，曾将未定稿分送专家过目，瓦拉赫也收到一份。没想到有几处非常重要的数字，全被瓦拉赫改过了。凯库勒发现瓦拉赫所改之处，数字计算如此之精确，对他大加称赞。

1879年，瓦拉赫升任波恩大学药理学教授，开始了对香精油的研究工作。1884年他又对萜烯类化合物进行了研究。萜烯类化合物一般是液体状态，通常和许多结构相似的化合物混在一起，很难用一般方法将它们分离开。系统地制备纯净的萜烯类化合物是瓦拉赫首先进行的。瓦拉赫在脂环类化合物领域的开创性工作促进了有机化学和化学工业的发展，奠定了脂环族化学研究的基础，使他成为合成树脂工业的奠基人。我们可喜地看到，瓦拉赫的研究成果广泛地应用在现代工业的许多领域。人工合成的有机玻璃质轻，破碎后没有棱角，使用起来更安全，在很大程度上取代了普通玻璃；人工合成的橡胶比天然橡胶的材质更好，性能更优越。

瓦拉赫在哥廷根大学出任化学研究院院长期间，继续对帖烯类化合物进行了深入研究。1909年写成了《萜烯和樟脑》一书，总结了他一生对萜烯类化学的研究成果，因此获得1910年诺贝尔化学奖。这对把一生都献给了科学事业的瓦拉赫来说，是当之无愧的。

学海拾贝

瓦拉赫的成功说明了这样一个道理：每个人的智能发展是不均衡的，都有强点和弱点，人们一旦找到了发挥自己智能的最佳点，便可取得惊人的成绩。于是，人们将这一现象称之为“瓦拉赫效应”。

配位化学的奠基人 维尔纳

今天，阿尔弗雷德·维尔纳的名字已成为配位化学的代名词。他首先提出“配位数”概念，建立了络合物的配位理论。1893年，维尔纳发表了《论无机化合物的结构》一文，这成为无机化学和配位化学结构理论的开端。

1866年12月12日，阿尔弗雷德·维尔纳出生在法国的米卢斯，但他在成年之后加入了瑞士国籍。在维尔纳的童年时代，他的家乡被德国人占领了。当时，占领军强迫孩子们学习德文，但是维尔纳极具反叛精神，他坚持在家里说法语，并且非常痛恨德国人。

维尔纳19岁时，因才智出众，成绩优异，学校推荐他到德国柏林去深造。尽管维尔纳很崇拜德国的科学，但是由于他对德国占领军十分痛恨，所以婉言谢绝了。1887年，维尔纳来到了瑞士，通过考试，他进入了著名的苏黎世大学。当时，苏黎世大学的工业化学教授乔治·龙吉很赏识维尔纳。他知道维尔纳总在躲避他，因为他是个德国人。有一天，龙吉教授把维尔纳叫到化学实验室，诚恳地对他说：“我知道你痛恨德国人的行为，但是为了学习，希望你能把个人的感情放在一边。”龙吉教授的话让维尔纳深受鼓舞，从此

↓苏黎世大学

他把全部热情都投入到化学研究中。

↑维尔纳

从1893年开始，维尔纳在通风不良、阴暗潮湿的地下室进行研究工作。恶劣的条件，丝毫不减他的工作热情。通过大量研究，维尔纳发表了《论无机化合物的结构》论文，提出了络合物的配位理论。他认为原子价概念不能说明络合物的结构，应引进负价概念来扩展原子价概念；一些金属的原子价除主价以外，还可以有负价。这一理念抛弃了凯库勒关于化合价恒定不变的观点，打破了只基于碳化合物研究所得的不全面的结构理论，为化合价的电子理论开辟了道路。

1899年，维尔纳开始进行有关金属——氨络合物、水合物和双盐的研究。他解释了钴氨络合物中氯的不同行为，又提出把络合物分为“内界”和“外界”的理论。维尔纳的研究几乎遍及配位化学的各个方面，其贡献是如此之巨大和广泛。为此，他荣获了1913年诺贝尔化学奖。尽管他是因配位化学的卓越贡献而获得这一桂冠的，但他的理论的意义和应用，已远远超出了无机化学，它对有机化学、分析化学、物理化学以及矿物学、结晶学、生物学、空间科学等领域都具有无可估量的价值。

长期的劳累严重损害了维尔纳的身体健康。在获得诺贝尔奖后，维尔纳被诊断患有“脑动脉硬化症”。1919年11月15日，他在苏黎世逝世。维尔纳的一生无愧于他的祖国，也无愧于他的时代。至今，配合物尤其是金属氨合物，仍被称为维尔纳络合物，配位理论被通称为维尔纳理论。维尔纳是配位化学无可争辩的奠基人。

学海拾贝

配位化学是研究金属的原子或离子与无机、有机的离子或分子相互反应形成配位化合物的特点以及它们的成键、结构、反应、分类和制备的学科。在配位化合物中，中心原子与配位体之间以配位键相结合。

五彩缤纷的世界 染料化学

染料化学是19世纪出现的一门新学科。在这一领域，德国著名的有机化学家拜耳作出了开创性的贡献。他发现了靛蓝、开蓝和绯红现代三大基本染素分子，为世界增添了许多缤纷的色彩。

1835年，拜尔出生在柏林一个著名的学者之家。他的父亲一生都在勤奋地学习，50岁时还在学习地质，76岁时曾出任柏林地质研究院院长。父亲的勤奋好学，对拜尔的成长产生了很大的影响。

1853年，拜尔就读于柏林大学攻读数学和物理。1856年，他开始研究化学，先后师从本生和凯库勒。1858年，他在凯库勒的实验室对二甲砷化合物进行研究，并因此获得柏林大学博士学位。当时，拜尔年仅23岁，是六位博士中最年轻的一位。之后，拜尔在柏林大学留校任教两年，其间他对有机化学不断作出贡献。当时人们都对这位年轻人印象深刻，把他那间小小的实验室视为创造人类新事物的“神秘之宫”。

↑拜尔

19世纪60年代，拜尔开始研究染料，于1870年用靛红与三氯化磷反应并还原反应产物得到了靛蓝，确定了最早的靛蓝合成法，并且，他将靛蓝合成工艺工业化。正是拜尔的研究，使得世界上建立了无数的化工厂，有机化学工业进入了一个新的发展阶段。在两次世界大战后，世界经济得以复苏和发展，风靡全球的牛仔服让靛蓝技术得到了广泛的应用。如今，染料已不只限于纺织物的染色和印花，它在油漆、塑料、纸张、皮革、光电通讯、食品等许多方面都得以应用。

如今染料的应用很广泛。图为我们生活中常见的颜色各异的塑料制品。

1875 年，拜尔出任慕尼黑大学教授，他在乙炔和聚乙炔方面做了大量研究工作，从而建立了著名的拜尔碳环族理论。他研究了苯的结构，并对环状萜烯进行了系统的研究，向我们揭示了芳香族化合物的秘密。拜尔研究和合成的染料芳香剂，让这个世界的女性打扮得比以往更加漂亮、动人。今天，当我们置身于色彩斑斓、如花似锦的纺织品世界和香气扑鼻的化妆品世界时，不能不感谢这位为美化人类生活而作出杰出贡献的科学家。

拜尔一生保持着谦虚和诚恳的品质。费歇尔曾经师从于拜尔，在拜尔的精心指导下，费歇尔在有机化学方面的研究水平渐渐地超过了老师拜尔。有一天，拜尔认真地对费歇尔说："费歇尔，你在有机化学方面的研究已经超过我了，继续跟我学习不会有更多的收获，还是换一个地方吧。"尽管费歇尔不愿意离开老师，但拜尔还是推荐他到厄南津大学任教。拜尔没有看错费歇尔，1902 年他荣获了诺贝尔化学奖，拜尔由衷地为自己的学生感到高兴。

1905 年，古稀之年的拜尔也获得了诺贝尔化学奖，取得了举世瞩目的成就。尽管到了安享晚年的时候，但是拜尔仍以惊人的毅力，生气勃勃地工作着。82 岁那年，这位老人中止了他一生酷爱的化学事业，与世长辞了。

学海拾贝

1871 年，拜尔将酚和邻苯二酸酐混合加热，发现了酚酞和荧光黄。在做这项工作的过程中，他发现了苯酚甲醛树脂，后来，美国化学家贝克兰在工业上大大发展了这种树脂。

高分子化学的创始人 施陶丁格

五光十色的塑料、美观耐用的合成纤维、性能优越的合成橡胶都是高分子合成材料。如今，高分子合成工业已发展成为世界三大支柱产业之一。面对这一辉煌成就，我们不能不缅怀高分子科学的奠基人——施陶丁格。

施陶丁格

1881年3月23日，施陶丁格出生在德国的弗尔姆斯。他的父亲是新康德派的哲学家，所以他从小就受到各种新的哲学思想的熏陶，对新事物比较敏感，而且经常对一些事物进行清晰的推理。在中学时，他曾对植物学产生浓厚的兴趣，所以中学毕业后，他考入哈勒大学学习植物学。在对植物学的研究中，施陶丁格的兴趣转移到了化学上，最终他选择化学作为自己的研究专业。大学毕业后，施陶丁格赴施特拉斯堡大学继续深造，并于1907年获得博士学位。

从20世纪20年代起，施陶丁格开始从事高分子化合物的研究。针对某些反应中出现的难溶树脂状产物的现象，他提出了巨分子或高聚物的看法。他认为这类分子是由数以万计的原子所组成，它们的构成仍然是通过一般化学键，但由于大小不同，它们具有不同于低分子量化合物的性质。在适当介质中形成的所谓亲液胶体，实际上是高分子溶液。施陶丁格将自己的发现写成论文，第一次使用了“高分子”这个术语，进而提出了高分子是由长链大分子构成的观点，动摇了传

施陶丁格正在做实验。

↑电缆外面的发热塑料就是高分子化合物材料。

统的胶体理论的基础，引起了化学界激烈的论战。

1932 年，施陶丁格总结了自己的高分子理论，出版了划时代的巨著《高分子有机化合物》，成为高分子科学诞生的标志。它为合成高分子的研究指明了方向，从此，高分子合成工业得到了迅速发展。

为了提供更有说服力的证据，施陶丁格把紫外线相衬显微镜和电子显微镜用到了这项科研工作上。1937 年，他和同事们经过反复实验，终于成功拍摄了直径为 10 毫微米的糖原粒子的微观电子图像，进而得出结论，糖原分子的重量为一个普通分子重量的 150 万倍。此外，他还用电子显微镜等现代实验观测手段，证明了生物体内存在着大分子。可惜这一项有重要意义的工作，因第二次世界大战被迫中断。

施陶丁格把“高分子”概念引进了科学领域，并提出了著名的确定分子量黏度的理论，即施陶丁格定律。这一方法至今仍是测量高分子物质分子量的常用方法。施陶丁格晚年致力于分子生物学的研究，并且培养了大量高分子研究方面的人才。1965 年 9 月 8 日，这位一生致力于高分子化学研究的老人为自己的人生画上了圆满的句号。

学海拾贝

高分子材料是由相对分子质量较高的高分子化合物构成的材料，包括橡胶、塑料、纤维、涂料、胶黏剂和高分子基复合材料第。高分子是生命存在的形式，所有的生命体都可以看做是高分子的集合。

鲁宾逊的贡献 发现生物碱

罗伯特·鲁宾逊是英国科学家中对有机化学反应机理作出重要贡献的人物之一。鲁宾逊确定了罂粟碱、尼古丁等生物碱的结构，并合成了青霉素、马钱子碱等药物，为有机化学和药理学都作出了突出贡献。

1886年9月13日，罗伯特·鲁宾逊出生于英国曼彻斯特的菲尔德。他早年进入曼彻斯特大学学习，并于1910年获得曼彻斯特大学化学博士学位。此后，鲁宾逊先后在悉尼大学和新西兰威尔士大学、安德鲁斯大学、伦敦大学任教。1930年后，鲁宾逊在牛津大学任教，直到退休。

鲁宾逊长期从事教学工作，其研究工作涉及的范围极广，但他主要致力于生物碱和植物色素方面的研究。他深入研究了多种天然有机化合物的结构和合成，如花色素、生物碱和青霉素等。

↑罗伯特·鲁宾逊

1916年，鲁宾逊合成了巴西灵和苏木精，次年，他巧妙地利用胺甲基化反应，仅用一步反应，就在丙酮二羧酸中合成了颠茄酮。而这种合成原先需要14个步骤，其合成原料也十分难以得到。鲁宾逊的成功合成，为这种药物的大批量生产奠定了基础。

1924年，鲁宾逊测出罂粟碱和尼古丁的化学成分及结构，此后，他又测定出吗啡的分子结构式，并被化学界普遍接受。1925年，鲁宾逊提出植物碱的生成原理，阐明了

↑鲁宾逊（右）和1965年诺贝尔化学奖得主伍德沃德的合影。

吗啡和马钱子中原子排列的问题，并合成了莨菪碱，从而进一步验证了植物碱生成理论的正确性。在以后的研究中，鲁宾逊又陆续测定出青霉素、马钱子碱、番木鳖碱的复杂分子结构。他的辉煌成就，获得了科学界的一致赞誉。

鲁宾逊还运用电子理论阐述了有机化合物的分子结构，从而进一步推动了英国化学工业的发展。他在研究生物碱的过程中，发现了大量制药的新方法，人们所熟悉的抗疟药物，就是根据他提出的分析原理制造出来的。这种合成的抗疟药物疗效非常显著，从根本上改变了抗疟只依赖于奎宁的情况。

鲁宾逊在化学领域的另一杰出贡献是对花色素的研究。叶绿素、类胡萝卜素和花色素是植物的三大色素。鲁宾逊分析测定出花色素的化学结构式都带有羧基苯并吡喃盐的甙。在自然界里，花色素是以与葡萄糖缩合成糖甙的形式存在的。如果将花色素糖甙用稀酸水解，则得到的葡萄糖和花色素都具有一定的生理效能。在花色素合成方法中，鲁宾逊使用适当取代的邻羟基苯甲醛与对羟基苯乙酮的衍生物进行缩合。这种方法不仅可以合成不同类型的花色素，还可以合成多种天然的花色甙。

鲁宾逊在生物碱和植物研究方面进行了许多开创性的工作，为生理学及医学作出了巨大贡献，因而荣获1947年诺贝尔化学奖。鲁宾逊晚年将自己的研究成果写成《天然产物的结构关系》一书，提出了著名的生源学说，这一学说对天然产物结构的阐明和化学合成都有极大的促进作用。1975年2月28日，这位为生物碱作出巨大贡献的化学家逝世于伦敦。

学海拾贝

生物碱是存在于自然界中的一类含氮的碱性有机化合物，它主要存在于植物中，但有的也存在于动物体内。多数生物碱分子具有较复杂的环状结构，且氮原子在环状结构内，一般具有生物活性。

遗传工程的重大突破

揭开胰岛素的秘密

弗雷德里克·桑格是英国著名的生物化学家，在胰岛素的研究史上，他是贡献最为卓著的人物之一。他测定了牛胰岛素的全部氨基酸序列，开辟了人类认识蛋白质分子化学结构的道路。

1918年8月13日，桑格出生于英国格洛斯特郡。他的父亲是一位医学博士，因此他有幸生长在一个学术氛围很浓的家庭。受父亲的影响，桑格从小就喜欢生物学，立志要成为这方面的专家。1936年，桑格来到剑桥大学圣约翰学院学习生物化学。在精英云集、人才辈出的剑桥大学，桑格可以说是平凡无奇，在求学期间他并没有显露出卓越的才华，以至于毕业后院方勉强接受他留校任教。

弗雷德里克·桑格

20世纪40年代初，桑格主要研究蛋白质的结构，特别是研究测定胰岛素分子的结构。当时，由于桑格在剑桥大学默默无闻，连研究经费都难以筹集到，所以好多同事离他而去。但是，桑格不为所动，仍然以顽强的毅力投入到研究中。经过多年的努力，他终于寻找到一种化学试剂，这种试剂可以与氨基酸链的末端发生反应，生成一种二硝基苯的衍生物。由于这种衍生物呈现出明亮的金黄色，通过色层分离法和电泳法就能将其鉴别出来。这种试剂后来被称为“桑格试剂”。桑格将这种方法和马丁的纸色谱法结合起来，对胰岛素分子的结构进行了初步测定。

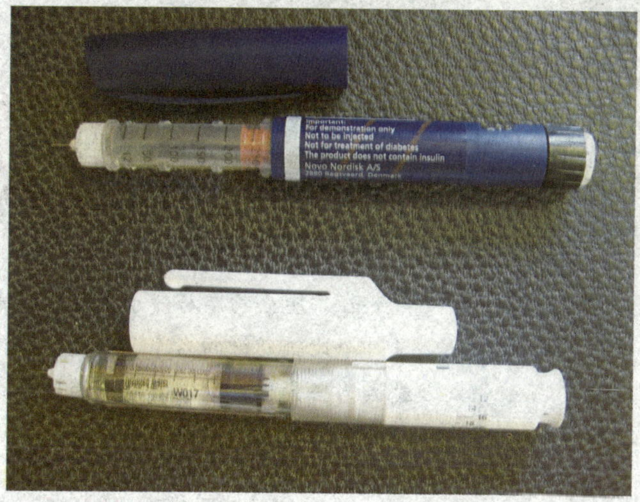

↑胰岛素笔。它是一种胰岛素注射装置，可随身携带，用时只需拔下笔帽，就可进行胰岛素注射。

经过 10 年的努力，桑格终于测定出胰岛素的全部结构，指出了胰岛素的两条肽链分别含有的 21 个和 30 个氨基酸的排列顺序和位置。桑格的研究为证实基因遗传密码、生物合成以及整个分子生物学的研究奠定了基础，标志着人类在认识生命的伟大历程中又前进了一步。他也因此获得了 1958 年诺贝尔化学奖。在获奖之前，桑格在剑桥大学连教授的头衔都没有，诺贝尔奖为他带来了巨大的荣誉，各种头衔接踵而来。然而，桑格在获奖后和平日一样，依旧默默无闻地从事研究工作。他推辞了一系列的职务，专心从事研究。

继桑格之后，一代又一代的研究者为胰岛素的研究谱写了辉煌的篇章。1965 年，我国完成了结晶牛胰岛素的合成。这是世界上第一个人工合成的蛋白质，人类在认识生命、揭开生命奥秘的道路上迈出了可喜的一大步。20 世纪 70 年代初期，英国和中国的科学家又成功地用 X 射线衍射方法测定了猪胰岛素的立体结构，这项工作为深入研究胰岛素分子结构与功能关系奠定了基础。20 世纪 80 年代初，科学家已成功地运用遗传工程技术由微生物大量生产人的胰岛素，并已用于临床，这是遗传工程的一大突破性进步。科学探索的脚步永远不会停止，我们期待着胰岛素的研究带给人类更多的惊喜。

学海拾贝

20 世纪 60 年代以后，桑格利用酶的生物活性，用生物学的处理方法，正确地测定出了 RNA 中的各种碱基的排列顺序和 DNA 中核苷酸的排列顺序，为核酸的研究作出了突破性贡献。因此，桑格于 1980 年再度获得诺贝尔化学奖。

生物学的重要工具 绿色荧光蛋白

在细胞生物学与分子生物学领域中，绿色荧光蛋白还是一个比较新鲜的名字。但是，绿色荧光蛋白一经发现，就成为当代生物科学研究中最重要的工具之一，它使人们对分子踪迹的探究前进了一步。

2008年10月8日，瑞典皇家科学院宣布，美籍日裔科学家下村修、美国科学家马丁·沙尔菲和美籍华裔科学家钱永健因在发现和研究绿色荧光蛋白方面作出了贡献而分享了这一年度的诺贝尔化学奖。

下村修是首位从水母中分离出绿色荧光蛋白的科学家，被誉为生物发光研究第一人。1928年8月27日，下村修出生在日本，1960年，他获得名古屋大学理学博士学位。此后，下村修到美国普林斯顿大学弗兰克·约翰森实验室做博士后，着手研究水母发光的秘密。1962年，两人成功分离纯化出水母中的发光蛋白水母素，并且报告了一种在紫外线下发出绿色荧光的蛋白质，即绿色荧光蛋白（GFP）。20世纪70年代，下村修又进一步解读了这种发光蛋白的奥秘，含有可以吸收和释放光线的化学基团。

2008年诺贝尔化学奖新闻发布会，下村修（左二）、马丁·沙尔菲（左一）。

马丁·沙尔菲于1947年出生于美国。1977年，他获得哈佛大学神经生物学博士学位，自1982

年开始任哥伦比亚大学生物学教授。他获奖的主要贡献在于向人们展示了绿色荧光蛋白作为发光的遗传标签的作用，这一技术被广泛运用于生理学和医学等领域，为科研人员在了解人类疾病是如何发生的等方面提供了重大帮助。目前，这种蛋白已经成为同时代生物科学研究最重要的工具之一。

↑马丁·沙尔菲（左三）

钱永健的主要贡献在于利用水母体内发出绿光的化学物质来追查实验室内进行的生物反应，他被公认为是这方面的先驱。钱永健于 1952 年 2 月 1 日生于纽约，他是著名物理学家钱学森的堂侄。他从小就成绩优异，兴趣广泛。16 岁时，他获得了“西屋科学天才奖”，这个奖项是全美最久远，也是最负盛名的科学奖。从哈佛大学毕业后，钱永健来到剑桥攻读博士学位。25 岁时，他获得剑桥大学博士学位。

1980 年，钱永健发明了检测钙离子浓度的染料分子，次年，他改进了将染料引入细胞的方法，发明了更多、更好的染料，并将其广泛应用于工业生产中。1994 年起，钱永健开始研究 GFP，并创造出了更广泛的荧光蛋白色彩，包括黄、蓝、橙等颜色。钱永健让科学界更全面地理解了绿色荧光蛋白的发光机理，拓展了绿色以外的其他颜色的荧光蛋白。

如今，绿色荧光蛋白已成为研究当代生物学的重要工具，借助这一“指路标”，科学家们已经研究出监控脑神经细胞生长过程的方法，这些在以前都是不可能实现的。我们期待着绿色荧光蛋白在将来会揭开更多的秘密。

学海拾贝

绿色荧光蛋白分子呈圆柱形，就像一个桶，负责发光的基团位于桶中央，因此，绿色荧光蛋白可形象地比喻成一个装有色素的“油漆桶”。装在“桶”中的发光基团对蓝色光照特别敏感，当它受到蓝光照射时，会吸收蓝光的部分能量，然后发射出绿色的荧光。

DDT的诞生到禁止 环保的革命

20 世纪上半叶，一种非常有效的杀虫剂 DDT 曾在防治农业病虫害、减轻疟疾等蚊蝇传播的疾病等方面起到了不小的作用。然而后来，人们却发现它对环境和人类产生了巨大的危害，由此引发了一场引人深思的环保革命。

1939 年，发生了这样一件事——一种新的、安全的、名称为滴滴涕（即 DDT，化学名为双对氯苯基三氯乙烷）的杀虫剂被发明出来了，这似乎对全世界的农民来说都是一个好消息。因为一旦有昆虫碰到它，便会因神经系统麻痹被杀死。将它喷洒在农作物上，或喷洒在带菌昆虫赖以繁殖的沼泽类地区，都会收到良好的灭虫效果。

第二次世界大战中美国用大量的 DDT 以喷雾方式用于对抗斑疹伤寒、丝虫病等传染病。

然后，DDT 在第二次世界大战中开始大量地以喷雾方式用于对抗黄热病、斑疹伤寒、丝虫病等虫媒传染病。例如在印度，DDT 使疟疾病例在 10 年内从 7 500 万例减少到 500 万例。同时，对家畜和谷物喷 DDT 也使其产量得到双倍增长。DDT 在全球抗疟疾运动中起了很大的作用。用氯奎治疗传染源，以伯胺奎宁等药作预防，再加上喷洒 DDT 灭蚊，一度使全球疟疾的发病率得到了有效的控制。到 1962 年，全球疟疾的发病率已降到很低，为此，世界各国响应世界卫生组织的建议，都在当年的世界卫生日发行了世界联合抗疟疾邮票。这是最多国家以同一主题、同时发行的邮票，曾经轰动一时。

DDT 结构模型

从 20 世纪 40 年代起，人们开始大量生产和使用 DDT 这种剧毒杀虫剂以提高粮食产量。到了 50 年代，这些有机氯化物被广泛使用在生产和生活中。这些剧毒物的确在短期内起到了杀虫的效果，使粮食产量得到了空前提高。然而，这些剧毒物的制造者和使用者们却全然没有想到，这些用于杀死害虫的毒物会对环境及人类产生无穷的危害。它们通过空气、水、土壤等潜入农作物，残留在粮食、蔬菜中，或通过饲料、饮用水进入畜体，继而又通过食物链或空气进入人体。这种有机氯化物在人体中积存，可使人的神经系统和肝脏功能遭到损害，可引起皮肤癌，可使胎儿畸形或引起死胎。

蕾切尔·卡逊

美国海洋生物学家蕾切尔·卡逊经过四年时间，调查了使用化学杀虫剂对环境造成的危害后，于 1962 年出版了《寂静的春天》一书。在这本书中，卡逊阐述了农药对环境的污染，用生态学的原理分析了这些化学杀虫剂对人类赖以生存的生态系统带来的危害，指出人类用自己制造的毒药来提高农业产量，无异于饮鸩止渴，人类应该走“另外的路”。这本书在美国历史上产生了巨大作用和影响，被列为“改变美国的书”之一。

这本书同时还引发了公众对环境问题的注意，促使环境保护问题摆到了各国政府面前，各种环境保护组织纷纷成立。在这种情况下，联合国于 1972 年 6 月 12 日在斯德哥尔摩召开了《人类环境大会》，并由各国签署了“人类环境宣言”，开始了环境保护事业。虽然在 20 世纪 70 年代以后世界各国都明令禁止使用 DDT，然而直到今天，科学家们还能从许多动物体内检测到 DDT，这不能不引起人们的深思。

学海拾贝

DDT 是一种白色晶体，不溶于水，溶于煤油。它是一种易溶于人体脂肪并能在其中长期积累的污染物。

第一位诺贝尔化学奖得主 范特荷甫

1901 年，诺贝尔化学奖的首位得主诞生了，他就是荷兰化学家范特荷甫。他不仅在化学反应速度、化学平衡和渗透压方面取得了骄人的研究成果，而且开创了以有机化合物为研究对象的立体化学学科，成为一代化学巨匠。

1852 年 8 月 30 日，范特荷甫出生于荷兰的鹿特丹市，他的父亲是当地的名医。范特荷甫从小就聪颖过人，儿时就喜欢钻进实验室做各种有趣的化学实验。正是儿时的这种爱好，注定了范特荷甫后来成为化学家的命运。1872 年，范特荷甫在莱顿大学毕业后，为了在化学上得到深造，拜德国著名有机化学家凯库勒为师。后来，他又来到巴黎医学院的武兹实验室，在著名化学家武兹的指导下，范特荷甫在立体化学方面取得了巨大的进步，逐步成为立体化学学科的创立者。

↑范特荷甫

一天，范特荷甫坐在图书馆里，认真地阅读着有关乳酸的一篇论文。他随手在纸上画出了乳酸的结构式，当他把视线集中到分子中心的一个碳原子上时，他立即联想到，如果将这个碳原了上的不同取代基都换成氢原子的话，那么这个乳酸分子就变成了一个甲烷分子。他又想，能否把甲烷分子中的氢原子和碳原子排列在同一个平面上呢？他突然想到，在自然界中一切都趋向于最小能量的状态，只有当氢原子均匀地分布在一个碳原子周围的空间时才能达到这种状态。那么在空间里甲烷分子是个什么样子呢？对，正四面体！他马上在乳酸的结构式旁画出了两个正四面体。他通过多次实验终于证实了自己的推论，并惊奇地发现，物质的旋光特性的差异和它们的分子空间结构密切相关。

↑范特荷甫在实验室做实验。

1875 年，范特荷甫发表了《空间化学》一文，首次提出碳原子是正四面体构型的立体概念，即"不对称碳原子"的概念。过去的有机结构理论认为，有机分子中的原子都处在一个平面内。范特荷甫纠正了过去的错误，他用自己的研究成果明确地解释了有机物旋光异构的原因。人们普遍认为，范特荷甫的分子空间结构假说是立体化学诞生的标志。

1877 年之后，范特荷甫开始研究化学动力学和化学亲合力问题，并发表了《化学动力学研究》和《气体体系或稀溶液中的化学平衡》等著名的论文。范特荷甫的论文引起了德国科学家奥斯特瓦尔德的注意，他专程来拜访范特荷甫。此后，他们和瑞典的阿伦尼乌斯共同创办了《物理化学杂志》，这标志着一门新兴的边缘学科——物理化学诞生了。这三人突破了国界和学科的局限，共同为新学科的创立作出了不朽的贡献。因此，他们被誉为"物理化学的三剑客"。

正是凭借着《化学动力学研究》和《气体体系或稀溶液中的化学平衡》这两篇论文，范特荷甫成为第一位诺贝尔化学奖得主。

1911 年 3 月 1 日，由于长期超负荷工作，年仅 59 岁的范特荷甫不幸逝世。一颗科学巨星陨落了。为了永远纪念他，人们将他的骨灰安放在柏林达莱姆公墓，供后人瞻仰。

学海拾贝

法国人毕奥最早观察到有机物的旋光现象，从而成为立体化学的领路人。范特荷甫关于碳原子的四面体学说奠定了立体化学的基础。立体化学是从立体的角度出发，研究分子的结构和反应行为的学科，在有机化学中占有重要的地位。

音乐之都的化学家 席格蒙迪

席格蒙迪出生于著名的音乐之都维也纳，其父母爱好音乐，期望自己的孩子都能成为音乐家，可席格蒙迪的听觉有严重问题，这使父母非常失望。然而，席格蒙迪却在化学领域中胶体化学的研究方面作出了卓越的成就。

1865年4月1日，席格蒙迪出生于奥地利维也纳一个热爱音乐的家庭。由于他有先天听觉障碍的生理缺陷，所以他从小就喜欢一个人安静地思考。16岁时，他考入维也纳工业大学学习化学，是那里最年轻的学生。

1898年，席格蒙迪获得慕尼黑大学博士学位。他谢绝了留校任教的邀请，先后在柏林化学研究院、格拉茨化学研究院当助理研究员，把全部精力都用在胶体化学的分析上。席格蒙迪所研究的胶体化学，跟我们日常生活有着密切的联系。比如面团、乳汁、油漆、土壤等，都属胶体范围。但是怎样能够直接观察胶体微粒，长期以来一直是人们攻克不了的难关。

席格蒙迪进行的研究胶体的实验引起了一些专家的注意，首先对这一研究感兴趣的是西登托夫，他是耶拿城蔡斯工厂的化学家。在西登托夫的帮助下，蔡斯工厂管理层不惜拨出一笔庞大的专款供席格蒙迪进行研究工作。经过一段时间的专心研究，席格蒙迪终于研制出一台极精细的超显微镜。利用这台超显微镜，

↓维也纳大学

人们可以观察到直径只有一亿分之一米的任何细粒的形状，为胶体化学的研究提供了一个重要的方法。这种显微镜制造成功后，所有烟雾、泡沫、薄膜、溶胶细粒的情况，人们都可以观察得一清二楚。从此，胶体化学不再是神秘不可攻克的学科。

后来，席格蒙迪又用实验证明，溶液的色泽和溶液的量有关。接着他又以电解的方法阐明了怎样保护胶体使它稳定，以及怎样破坏胶体，使它凝结沉淀出来。这样一来，他就解决了生物化学、细菌学、土壤物理学上许许多多原来解决不了的难题。

席格蒙迪

1908 年，席格蒙迪前往哥廷根大学担任无机化学教授，在这里执教达 20 年之久。期间，他发明了另一种研究胶体物质的方法——超滤器。他还领导一个研究组对凝胶体，特别是硅、肥皂凝胶体进行研究，研制出许多商业化应用的项目。他还研究了胶体粒子的电导性、从混合电解质中分离胶体溶液以及胶体粒子结构等。1925 年，席格蒙迪获得诺贝尔化学奖。1929 年他因病去世，终年 64 岁。

席格蒙迪是一位非常认真、严谨的科学家。据席格蒙迪的学生们说，在他的字典里，从来没有“大概”这一类的字眼。他从不说模棱两可的话，也从不做似是而非的推论，他认为研究科学必须持严谨的态度。他常告诫学生：“在科学里没有差不多，我希望你们无论做什么实验，答案至少要求到小数点后面的第三位数。”这种严谨的科学态度至今仍鼓舞着人们。

学海拾贝

胶体又称胶状分散体，是一种均匀混合物。胶体现象很复杂，有它独特的规律性，更重要的是它几乎与国民经济的各个部门都有密切关系。冶金、石油、轻纺、橡胶、塑料、食品、日用化工等工业以及农业、军事等部门在一些关键环节上都离不开胶体化学。

第四章 *Di-si Zhang*

奇妙的变化

Qimiao de Bianhua

在化学世界中，化学反应可谓异彩纷呈。在我们的生活里，烤炉里的蛋糕就在发生化学反应，铁开始生锈、煤炭燃烧都是化学反应。化学反应作为一种特殊的运动方式，在不断地改变着我们的生活。

化学的革命 揭开燃烧之谜

18 世纪下半叶，随着化学知识的积累和化学实验的不断丰富，人们在发现多种气体的基础上认识到了空气的复杂成分。也就在此时，人们对于燃烧现象才有了正确的认识，这也使燃烧的理论开始了科学的发展。

远古时代，火的使用使人类从野蛮状态走向文明。18 世纪以前，人们认为物质燃烧取决于一种特殊的燃素。近代以来，关于燃烧现象的本质众说纷纭。自 17 世纪下半叶至 18 世纪 70 年代，欧洲比较流行的是有严重错误的“燃素说”。“燃素说”错误地认为物质在燃烧时，可燃的要素是一种气态的物质，存在于一切可燃物质中。

拉瓦锡和妻子

1774 年，普里斯特利发现氧气时，正在英国舍尔伯恩伯爵的图书馆里工作。这年 10 月，普里斯特利应邀拜访了法国著名化学家拉瓦锡。他把自己的实验和新发现的气体——“脱燃素空气”告诉了拉瓦锡。拉瓦锡深受启发，他回到自己的实验室，多次重复做普里斯特利的实验，结果发现普里斯特利制出的气体并不是“脱燃素空气”，而是能够助燃的氧气。

后来，拉瓦锡做了许多关于燃烧的实验，像磷、硫、木炭的燃烧，有机物质的燃烧，锡、铅、铁的燃烧，氧化铅、硝酸钾的分解等。经过这些实验，他终于得出了这样的结论：空气是由两种气体组成的，一种是能够帮助燃烧的，称为“氧气”；另一种是不能帮助燃烧的，他称之为“窒息空气”，也就是我们所说的氮气。由此他揭开了燃烧之谜。

拉瓦锡正在做实验。

燃烧并不是像“燃素说”所说的那样，是燃素从燃烧物中分离的过程，而是燃烧物质与空气中的氧气化合的过程，在这一过程中同时产生光和热。例如水银的加热实验：受热时，水银和氧气化合，变成了红色的“渣滓”——氧化汞。由于反应装置里的氧气渐渐地都和水银化合了，所以加热到第十二天以后，氧化汞的量就很难再增加。然而，当猛烈地加热氧化汞时，它又会分解，放出氧气，析出水银。

1777 年 9 月 5 日，拉瓦锡向法国科学院提交了划时代的《燃烧概论》，系统地阐述了燃烧的氧化学说，清楚地、令人信服地说明了燃烧的本质，批判了“燃素说”。他把自己的燃烧理论，归纳成这样四点：

①燃烧时放出光和热；

②物质只在氧气中燃烧；

③氧气在燃烧时被消耗，燃烧物在燃烧后所增加的重量，等于所消耗的氧气的重量；

④燃烧后，燃烧物往往变成酸性氧化物，而金属则变为残渣。

新生事物常常会遭到旧势力的排斥。尽管在当时，拉瓦锡已经十分明白地揭示了燃烧的秘密，但是，仍然有一些化学家依然死抱住“燃素说”不放，连著名的罗维兹在 1786 年还试图用实验证明燃素的存在。

到了 18 世纪末，拉瓦锡的学说终于被化学界普遍承认，“燃素说”终于被推翻了。科学的氧化燃烧理论的提出和建立，引发了一场深刻的化学革命，确立了科学的近代化学学科。

学海拾贝

凡是能与空气中的氧气或其他氧化剂起燃烧化学反应的物质均称为可燃物。可燃物种类繁多，根据化学结构不同，可燃物可分为无机可燃物和有机可燃物两大类。天然气、液化石油气、汽油都属于有机可燃物。

电气文明的前奏 伏打电池

在伏打之前，人们只能应用摩擦发电机发电，这种机器操作起来相当麻烦，所得的电量也受限制。伏打电池的发明改进了这些不足，从此人们可以非常方便地利用电了。可以说，伏打电池是电气文明的前奏。

1745年2月18日，伏打生于意大利科摩，他对物理及化学的研究作出了卓越的贡献。

与伏打同一时代的意大利解剖学教授贾法尼经常利用电击研究生物反应。1780年，他无意间发现了这样一个现象，即使在没通电源的情况下，剥下来的青蛙腿也会发生痉挛的现象，他认为这是一种由动物本身的生理现象所产生的电，他把它称为动物电。

伏打对贾法尼的实验很感兴趣，他反复做贾法尼的实验，发现电并不是发生于动物组织内，而是由于金属或是木炭的组合而产生的。于是，伏打不使用动物的组织，改用金属做实验。他把两根不同材料的金属线一端焊接起来，组成一根长金属导线。导线的一端放进嘴里，另一端与眼睛的上方接触，在接触的瞬间，眼睛可以感觉到光亮闪烁。然后，他把一枚银币和一个铜钱夹放在舌头的上、下两面，再用导线把它们连接起来，发现舌头会感到有点麻木而且有些酸味。

↑伏打

上述实验里既没有青蛙腿，也没

有动物的肌肉，这电又从何而来呢？伏打认为电的来源只有一种可能：两种不同金属的接触。为了证实自己的设想，他用一种金属代替贾法尼实验中的铜钩和铁杆，重复贾法尼的实验。结果蛙腿的抽搐、收缩几乎完全消失了。于是，伏打宣称贾法尼实验中所发现的电流不应该称“动物电”，而应该叫“金属电”或“接触电”。

伏打给拿破仑演示伏打电池。

此后，伏打经过7年含辛茹苦的钻研，在“接触电”的研究上取得了新的突破。他证实铝、锌、锡、镉、铅等金属，只要将序列前面的金属与后面的金属相互接触在一起，前者就会带正电，后者就会带负电；同时他还发现将不同的金属浸入电解液时，也会产生电流。

1800年6月26日，伏打在伦敦皇家学会的演讲大厅里介绍了由他发明的新仪器，这种新仪器由17枚银币和17块锌片组成。他将银币与锌片一片一片地间隔叠放起来，片与片之间隔了一层浸透了盐水的马粪纸。34片小圆片叠起来也有几十厘米高。然后在顶、底两片金属片引出两根导线，令人惊异的是这些天天看到的银币和锌片叠放起来后，真的产生了电。从此，伏打名扬四海，他研制的这种新仪器被称为“伏打电池”，也就是电池的雏形。

不久，法国化学家盖·吕萨克改进了伏打电池：在一个大木槽里，每隔一定距离开出一条槽沟，把两种不同的金属片按间隔次序插入槽沟内，再在槽里注入硫酸溶液。著名化学家戴维用这种低效电池发现了十几种化学元素，法拉第用它发现了电解定律，霍尔用它发明了电解法制备出了铝。伏打电池在历史上的功绩还真不小呢！

学海拾贝

尽管伏打在实验上取得了显赫的成果，但是他的“接触电”理论却是错误的。他认为“只要两种金属接触就会产生电”违背了能量守恒定律，伏打电池中产生的电流是因为电解液内部发生了化学反应，由化学能转化成了电能。

人类文明史上的杰出成就 炸药

炸药的发明，距今已有一千多年的历史了，它是在古人为求长生不老而炼制丹药时发明的。火药的发展史是一部用鲜血、智慧以及百折不挠的精神写就的历史。然而，火药的出现却大大地推进了世界历史的进程。

黑色火药曾经在历史上发挥了很大的作用，但是随着历史的前进，黑色火药越来越不适应时代了。因为黑色火药的威力小，无论在开矿、修路或军事工业等方面，都显得力不从心，时代的要求迫使要有新的炸药诞生。

近代炸药的研究工作是从 19 世纪初期开始的。这个时期，硝酸和硫酸已能大规模生产，特别是硝化物——与硝酸作用后的生成物，受到许多化学家的注意。吹响新时代炸药号角的是法国化学家布拉孔诺。有一次，他把浓硝酸倒入了淀粉，无意中得到了一种白色的物质。这种白色粉末“脾气”很坏，稍一震动就火冒三丈，布拉孔诺给它起了一个名字叫硝化淀粉。但是，布拉孔诺没有使硝化淀粉变成炸药，可这个工作给人们指明了一个方向，某些物质跟硝酸作用后，会得到易爆燃的物质。

↑苏布雷罗

1847 年冬天，意大利化学家苏布雷罗做了一个前人未做过的实验，他先在漏斗中装满浓硝酸和浓硫酸的混合液，然后将混合液逐滴滴入一大杯甘油中，边滴边搅拌。没过多久，出现了一种有黏性的油状物，沉淀在甘油底部。苏布雷罗经实验，发现这种黏状物能溶在酒精中，做成药剂对心脏病、心绞痛有特效，只要服下一点，心绞痛就会烟消云散。这种物质就是硝化甘油，它给心脏病患者带来了福音。然而，一项意外事故发生了，苏布雷罗险些因此断送了性命。有一天，苏布雷罗像往常那样孜孜不倦地在制备这种心脏病良药，突然，一个念头闪现在脑中：能否提炼出更纯粹的硝化甘油呢？

↑在第二次世界大战初期，太安是制炸弹、炮弹的主要原料。

于是，他耐心地加热、浓缩，结果，溶液还未干就发出了一声巨响，黏性的硝化甘油"发火"了，苏布雷罗的手和脸都被炸得鲜血淋漓。出于一个化学家的责任感，后来他又做了一次这个实验，同样炸了个天翻地覆。这样连续几次后，迫使苏布雷罗不敢再试下去了，他无奈地叹了一口气："一种治心脏病的良药，怎么会爆炸呢？这真是不可思议。"

1891年，德国化学家托伦斯等用季戊四醇与浓硝酸作用，制得一种爆炸威力大、化学性能稳定的炸药——太安。第二次世界大战初期，太安是制炸弹、炮弹的主要原料。后来，因为太安的机械敏感度高，不太安定，操作过程不安全，不久它便被一种名叫黑索金的炸药代替了。

黑索金的发明有点像硝化甘油。黑索金的学名为环三亚甲基三硝胺，是由化学家亨宁于1899年研制出的。亨宁发现它对治疗心脏病有作用，所以制备它完全是出于医药目的。当时，他不知道黑索金会是一种炸药。1925年，德国化学家黑尔才发现它是一种性能优良的炸药。黑索金的化学安定性高、爆炸强度大，作为炸药有着卓越的价值，因此它在炸药的发展史上占有重要地位。

学海拾贝

中国是最早发明火药的国家，黑色火药在晚唐时期（9世纪）就出现了。火药是由古代炼丹师发明的。从战国至汉初，帝王贵族们一直沉醉于长生不老的幻想中，他们驱使一些道士炼"仙丹"。在炼制过程中，人们逐渐发明了火药的配方。

传奇故事 银针验毒

在古代的一些有关断案的传奇故事中，你一定听过银针验毒的故事。在长达千年的时光里，人们一直用这种方法来鉴定物品是否有毒，并在大量的实验中掌握了许多有关化学反应的知识。

在一些化学反应中，常常会伴随着发生一些颜色的改变，人们会根据这种变化判断出反应物的状态。早在古代，人们就会根据银针的颜色变化来判断物品是否有毒，这一方法在民间流传甚广。

在古代的凶杀案件中，下毒是一种常见的手法。由于砒霜是一种强效毒药，因此是投毒犯罪的主要作案工具。历史上有关银针验毒的故事不胜枚举。清朝嘉庆年间，黄河决口，灾患不断，清王朝决定赈灾，但赈灾款却被贪污了。嘉庆帝派新科进士李毓昌负责检查赈灾款的下落。李毓昌不辱使命，很快将此案查个水落石出，决定上报朝廷。巨贪王伸汉害怕李毓昌将他贪污一事上报，就用砒霜毒死了李毓昌。

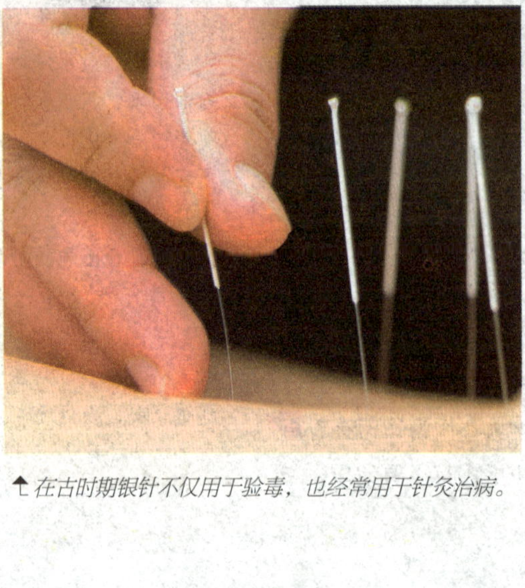

在古时期银针不仅用于验毒，也经常用于针灸治病。

嘉庆帝对此案非常重视，亲自过问，并指示由军机大臣会同刑部审理。刑部立即展开侦查，他们认为李毓昌被毒杀的可能性非常大，于是就采用银针验毒的方法来检验他们的判断，结果银针果然呈现黑色。于是，刑部确定李毓昌被毒杀，这才使案情大白，凶犯王伸汉得到了应有的惩罚。

由这个故事看来，银针验毒在中国古代的法医鉴定中占有重要地位,而且银针验毒是有历史可考的。《洗冤集录》是世界上现存第一部系统的法医学专著，其作者是宋代著名法医学家宋慈，这本书里就有关于银针验尸的记载。这本书大约著于 13 世纪的中国南宋时代，由此可见我国在宋朝时就已采用银针验毒了。一直到 19 世纪中后期的清代，这种方法已有数百年的历史了。

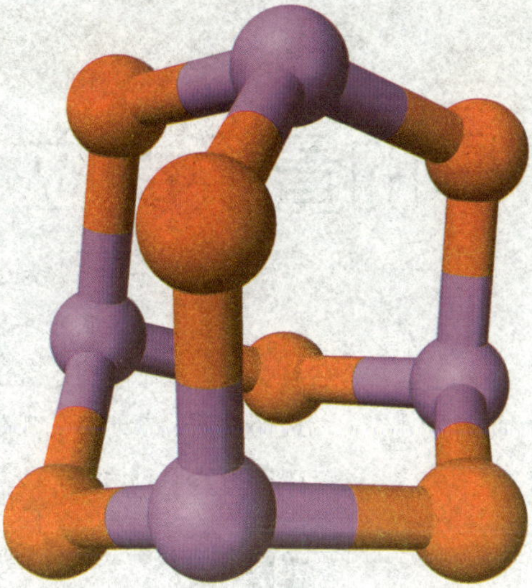

↑三氧化二砷，俗称砒霜，上图为其 3D 分子模型。

那么，银针验毒是否有科学依据呢？让我们先从砒霜的成分说起。古人所指的毒，主要是指剧毒砒霜，即三氧化二砷。砒霜的主要成分是砷，砷在天然状态下毒性并不强，但是它的化合物往往具有很强的毒性。正因为如此，砒霜一直被人们看做是一种杀人的武器。不过，砒霜最早是被用来治疗一些疾病的，历史上，早有将砷化合物用以治疗昏睡病、肺结核、皮肤病等顽疾的记载。

银针接触过砒霜，为什么会变黑呢？正常状态下，金属银的化学性质很稳定，不会与砒霜起反应。由于古代的生产技术落后，致使砒霜里都掺有有少量的硫和硫化物，其所含的硫与银接触，就发生了化学反应，使银针的表面生成一层黑色的硫化银。所以，古人就根据这种变化来鉴定物品是否有毒。以今天的角度来看，这种方法未必科学。现代生产砒霜的技术比古代要进步得多，砒霜的提炼很纯净，不再掺有硫和硫化物，所以古代的银针验毒在现代显然是行不通的。

学海拾贝

正常状态下，砒霜是白色粉末，没有特殊气味，与面粉、淀粉相似。砒霜能溶于水、乙醇、酸类及碱类，加热时会散发出蒜臭味。不纯的砒霜往往带有红色或红黄色的块状结晶或颗粒，其中含有少量的硫化砷，俗称红砷。

最早的置换反应 湿法炼铜

我国劳动人民很早就认识了铜盐溶液里的铜能被铁置换出来，从而发明了湿法炼铜。这是世界化学史上一项重大的发明，它开启了现代水法冶金的先河，在世界化学史上拥有光辉的一页。

我国古代劳动人民最早发明了湿法炼铜，它是水法冶金的起源，在世界化学史上是一项重大贡献。最早发现这一化学反应的是西汉初期道家的炼丹师。他们试图用自然界的矿物为原料，通过人工的方法，即化学加工，制造神奇的药剂——金丹。炼丹师们相信，一旦炼就金丹，人服用后就可以长生不老，甚至羽化成仙。

西汉时期的淮南王刘安就是一位热衷于炼丹的术士，他在炼丹的过程中进行了许多化学实验，发现了一些重要的化学反应。刘安和其门客著有《淮南万毕术》，里面有"曾青得铁则化为铜"的记载。曾青又名空青、白青、石胆和胆矾等，据考证，曾青可能是硫酸铜一类的物质，把其溶于酸中会生成溶液，当把铁粉投入此溶液即可得到铜。

世界上最早的湿法炼铜操作流程

南北朝时期，古人们更进一步认识到，除了硫酸铜之外，其他可溶性铜盐也能与铁发生反应。南北朝的陶弘景认为，醋酸能加快铁与铜盐的反应："鸡屎矾……投苦酒中涂铁，皆作铜色，外虽铜色，内质不变。"今天看来，鸡屎矾可能是碱式碳酸铜，苦酒是酒反应后变成的醋酸，即不纯的碱式硫酸铜或碱式碳酸铜不溶于水，但可溶于醋酸，用醋酸溶解后其可与铁发生置换反应。到唐末五代间，湿法炼铜的原理已经应用到了生产中，至宋代已成为大量生产铜的重要方法之一，当时胆铜的年产量曾达一百多万斤，这是科技史上的一大贡献。关于湿法炼铜的发展史，北宋的大科学家沈括在《梦溪笔谈》中也有记载。

我们现在所用的许多电线都是由纯铜制成的。

湿法炼铜也称胆铜法，是我国古代劳动人民对冶金技术的一大贡献。湿法炼铜包括两个过程：一是浸铜，就是把铁放在胆矾溶液（俗称胆水）中，使胆矾中的铜离子被金属置换成单质铜沉积下来；二是收集，即将置换出的铜粉收集起来，再加以熔炼、铸造。这种方法具有设备简单、操作容易、节省燃料等优点，只要有胆水的地方，都可应用这种方法生产铜。

由炼丹师们的化学实验转变为湿法炼铜，我们的先人大约花费了一千多年的时间。在两千多年前，古人们能掌握湿法炼铜的原理，又将这一原理用于工业生产，这些都是难能可贵的。在欧洲，湿法炼铜出现得比较晚。17 世纪后期，西班牙的里奥廷托铜矿才开始采用湿法炼铜技术，并于 1752 年创造了与之相似的堆积收铜法。

今天，我们已经知道，湿法炼铜是无机化学反应中的基本类型之一——置换反应，也就是一种单质和一种化合物生成另一种单质和另一种化合物的反应，它在化工业的许多领域都有重要的作用。

学海拾贝

自然界中的硫化铜矿物经过氧化会慢慢变成硫酸铜，硫酸铜溶液呈蓝色，像胆汁，中国古代称之为胆水。因为铁元素比铜元素活泼，将铁置于胆水中，铜离子就会被铁离子置换出来，产生单质铜。所以，湿法炼铜也被称为胆铜法。

化学反应的“助产士”催化剂

在化工生产、科学实验和生命活动中，催化剂都发挥了重要的作用。在化学史上，最先给催化剂下现代定义的人是奥斯特瓦尔德。他提出的制造硝酸的方法，即“奥斯特瓦尔德法”对现代工业具有重要的意义。

奥斯特瓦尔德是物理化学的创始人之一，主要从事化学动力学和催化方面的研究，因研究催化作用、化学平衡条件和反应速率等方面的贡献而荣获 1909 年诺贝尔化学奖。

1853 年 9 月 2 日，奥斯特瓦尔德生于俄国统治下的拉脱维亚首府里加，他的父母都是德国移民后裔。幼年时期的奥斯特瓦尔德就十分勤奋好学，尤其对化学实验特别感兴趣。他常从药房里买回各种化学药品，做各式各样的玩具，比如能喷出三色火焰的烟火、小巧的爆竹等。他还学会了制作感光底版照相纸的技术，并能冲洗出照片。

1872 年，奥斯特瓦尔德考入爱沙尼亚多尔帕特大学，1878 年获化学博士学位。此后，他先后任职于里加工业大学、莱比锡大学。1887 年~1906 年，奥斯特瓦尔德在莱比锡大学担任物理化学教授，这是他一生中最荣耀的时期。他在莱比锡大学开展了规模宏大的研究工作。他用容量法和折射律研究了一碱在两酸之间的

莱比锡大学

分配并解决了盐和脂的水解速率、酸的导电律、酸盐亲和常数、溶液的黏滞性、纯水的电离等问题，测定出稀溶液中用碱中和酸所发生的体积变化。1888年，他对酸碱指示剂的变色机理给予解释并赋予催化剂全新的现代意义。他认为催化剂只能改变化学反应速率而不会影响化学平衡，它的催化作用是由于降低了活化能的缘故。奥斯特瓦尔德提出的化学平衡和反应速率原理，为现代工业的发展提供了技术支持。

↑奥斯特瓦尔德

1902年，奥斯特瓦尔德从很多方面研究了催化过程，顺利地完成了使氨发生氧化的研究。氨在催化剂的作用下被氧化成一氧化氮并生成水，催化剂可降低反应物活化能，从而提高反应速率，减少达到化学反应平衡的时间。奥斯特瓦尔德继而得出了由氨经过催化氧化制造硝酸的方法，被称之为“奥斯特瓦尔德法”，它对现代工业有着重要的意义。硝酸是无机化学工业中三大强酸之一，具有酸类的通性。硝酸与氨作用生成的硝酸铵，是一种化肥，其含氮量比硫酸铵高，对于各种土壤都有较高的肥效。硝酸和炸药也有着密切的关系，黑火药的成分中就含有硝酸钠，因此硝酸被用于国防工业及工程上。

奥斯特瓦尔德晚年陷入了唯心主义泥潭，创立了“唯能论”哲学流派，因此遭到了公众激烈的批评，这使他无法在大学继续任教了。1906年夏天，53岁的奥斯特瓦尔德隐居山林，主要从事写作。后人给他的评价是：“一个很有名的化学家，但也是很糊涂的哲学家。”后来，奥斯特瓦尔德在事实面前修正了自己的错误观点。

学海拾贝

催化剂在工业上也称为触媒，它会诱导化学反应发生改变，而使化学反应变快或减慢或者在较低的温度环境下进行化学反应。催化剂并不会在化学反应中被消耗掉，不管是反应前还是反应后，它们都能够从反应物中被分离出来。

化学领域的辉煌成就 电解

电解是电化学领域的重要研究课题之一，戴维、盖·吕萨克、法拉第等化学家都为电解的研究作出了不朽的贡献。法拉第总结出了科学的电解定律，为电化学奠定了定量基础。从此，电解的研究一步步地走向辉煌。

1799年，意大利物理学家伏打发明了将化学能转化为电能的电池，使人类第一次获得了可供使用的持续电流。次年，英国的尼科尔逊和卡里斯尔采用伏打电池电解水获得成功，使人们认识到可以将电用于化学研究。此后，许多科学家纷纷开始用电做各种实验。

↑戴维

为了了解电解对盐溶液、固体化合物会产生什么作用，英国化学家戴维研究了各种物质的电解作用。他在将苛性钾制成饱和水溶液进行电解时，看到苛性钾在慢慢熔解，随后产生了紫色的火焰，并生成了一种小球形状的、带金属光泽、非常像水银的物质。他断定这是一种新元素，它比水轻，并使水分解而释放出氢气，紫色火焰就是氢气在燃烧。戴维把这种物质命名为钾。接着，他采用同样方法电解了苏打，获得了另一种新的金属元素——钠。

戴维的发现震动了整个科学界，消息传到法国，拿破仑就命令法国化学家盖·吕萨克及其朋友泰纳也用电解法制取金属钾和钠。盖·吕萨克发现用戴维的电解法制得的新金属量很少，他打算探索一种新的制备方法。

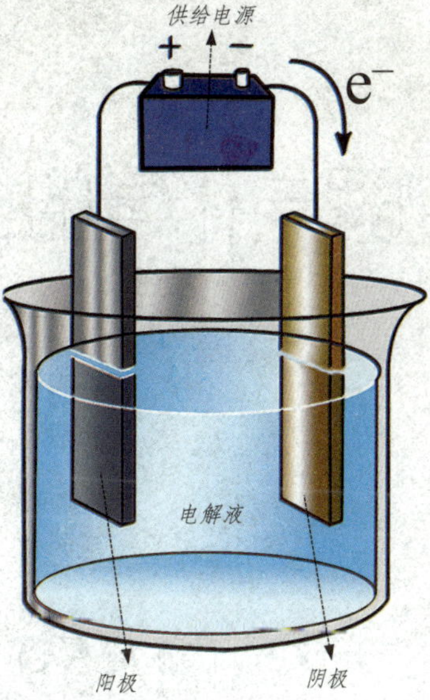

电解是利用电源提供的电压，在阴极将溶液中的金属离子转变成金属单质，在阳极阴离子丢失电子变成中性粒子的过程。

盖·吕萨克和泰纳抛开了电池，而把铁屑分别同苛性钾和苛性钠混合起来，放在一个密封的弯曲玻璃管内加热。结果，在高温下熔化的苛性碱与红热的铁屑起了化学反应，生成了金属钾和钠。这种方法既简单又经济，而且可以制出大量的钾和钠，这种新方法很快得到了推广。但是这种方法存在着较大的危险性，在实验中盖·吕萨克和泰纳曾多次被炸伤，险些被夺去性命。虽然如此，这两位年轻的科学家并未停止工作。他们在用钾提取硼酸中所含有的元素时，还发现了一种新元素——硼，这是盖·吕萨克在电化学领域的又一重大贡献。

1833 年，法拉第在研究电解作用时，从实验结果发现通过电解池的电量与析出物质的数量有一定的关系。他经过大量研究，总结出这样的定律：电解时，电极上发生化学反应的物质的量和通过电解池的电量成正比。后来，法拉第又定量地分析了许多元素的电解过程，又总结出第二条定律：一定量的电总是能析出同样多的原子数目，而某些元素析出的原子数恰好是电量数的一半或三分之一。后经人们证实，只要电极反应中没有副反应或次级反应，法拉第电解定律不受温度、压力、浓度等条件的限制，可以作为科学准确的定律。在发现电解定律的过程中，法拉第还最先使用了电极、阳极和阴极等名词，这些名词一直沿用至今。

如今，电解已广泛应用于冶金工业及化学工业等领域，相信在未来它能更好地服务于人类。为此，我们要感谢为电解作出杰出贡献的化学家。

学海拾贝

法拉第是一位自学成才的科学家，他在化学、电化学、电磁学等领域都作出过杰出贡献。法拉第最突出的贡献是发现了电磁感应原理，宣告了电气时代的到来。为了纪念法拉第，电容值的国际单位被命名为法拉，符号为 F。

物理与化学的桥梁 电离理论

瑞典化学家阿伦尼乌斯是物理化学的创始人之一，他最大的贡献就是提出电离学说，这是物理化学发展初期的一个重大发现。电离学说的创立，为物理和化学之间架起了一座桥梁。

1859年2月19日，阿伦尼乌斯出生在诺贝尔的故乡瑞典。他从3岁起开始读书识字，6岁时就能帮父亲做一些复杂的计算，他的启蒙教育可以算得上“无师自通”。17岁时，阿伦尼乌斯以优异的成绩考取了乌普萨拉大学，1878年获物理学学士学位，1881年又进入斯德哥尔摩大学深造。

虽然阿伦尼乌斯选择的是物理学，但是他一直对化学保持着浓厚的兴趣。在斯德哥尔摩大学学习期间，他对电化学的兴趣超过了物理学，于是，在物理学家爱德伦的指导下，他开始进行有关电解质的研究。1884年，年仅24岁的阿伦尼乌斯发表了两篇博士论文《电解质的电导率研究》和《电解质的化学理论》，首次提出了一种新学说——电离学说，他也因此获得了博士学位。

↑阿伦尼乌斯

1887年，为了进一步确立电离理论，阿伦尼乌斯把全部精力都投入到对它的研究中。他夜以继日地重复着枯燥无味的实验，整天与溶液、电极、电流计、电压计打交道。通过两年多的努力，阿伦尼乌斯以大量实验数据给予了电离理论充分的论证，认为溶液中部分分子会成为离子，溶液越稀，离解成离子的程度越大，溶液的电导值也越大。尽管这一理论最初提出时，遭到了许多科学家的质疑和嘲笑，但幸运的是，在奥斯特瓦尔德和范特荷甫等科学家的有力推动下，电离理论最终得到了化学界的认可。

↑阿伦尼乌斯正在做实验。

阿伦尼乌斯的电离理论是物理化学发展初期的重要发现，和法拉第的电解定律、门捷列夫的元素周期律一起奠定了现代化学的基础。电离学说的确立，消除了电解质溶液渗透压反常的矛盾，解释了酸的催化作用机理，提示了酸的氢离子的共同本质，建立起原子和电子的联系，并为价电子理论的形成提供了前提。

阿伦尼乌斯在科学上的兴趣十分广泛，研究的领域也非常广阔。除了电离学说外，他还研究了宇宙领域中的一系列问题，首先提出了光压在天体物理学中的重要作用，并提出宇宙间的能量不断更新的理论及火星是否有生物等问题，还计算出彗星流动的压力。在生物化学领域，他也进行了创造性的研究工作。1907 年他发表了《免疫化学》《生物化学定量定律》两部著作，运用物理化学规律阐述了毒素和抗毒素的反应。阿伦尼乌斯在他的科学研究生涯中硕果累累，是成果最多的科学家之一。

1901 年，首届诺贝尔奖评选的时候，阿伦尼乌斯是物理奖的十一个候选人之一，可惜落选了。1903 年，诺贝尔评奖委员会认为阿伦尼乌斯的电离学说在物理学和化学两个学科都具有很重要的作用，因此决定授予他 1903 年的诺贝尔化学奖。

学海拾贝

电离就是指电解质在水溶液中或熔融状态下，产生自由移动离子的过程。电离通常包含物理过程和化学过程，物理过程就是溶解，而化学过程指的是在溶剂分子作用下，电解质中原有的一部分化学键断裂的过程。

浪子回头金不换 格林尼亚的故事

历史上的众多科学家无一不是从小就热爱科学，发奋苦读，而格氏试剂的发明者格林尼亚却是个例外。他从二十多岁才开始刻苦学习，奋起直追，最终成为诺贝尔化学奖的得主。

格林尼亚于1871年5月6日出生在法国海滨小城瑟堡，他的家是典型的豪门家庭，父亲是一家很有名望的造船厂的厂主。因为家境优越，格林尼亚从小就娇生惯养，游手好闲，是出了名的纨绔子弟。

到了上学的年龄，父母为格林尼亚选择了最好的学校，希望他成为一个有知识、有教养的人，而且还聘请了家庭教师单独给他辅导。无奈格林尼亚已经娇惯成性，对学习毫无兴趣，从小学到中学就没有系统地学习过，父母拿他也没有办法。1892年秋天，瑟堡市的上流社会举行舞会，富贵闲人格林尼亚自然不会错过这个机会。他得意地想，他又可以随意挑选舞伴、尽情地狂舞了。舞会上，格林尼亚被一位美丽端庄、气质非凡的姑娘吸引住了，他很潇洒地走到这位姑娘的面前，邀请她跳舞。没想到姑娘却露出不屑一顾的神态，她冷冷地说："请离我远一点儿，我最讨厌像你这样不学无术的花花公子挡住我的视线！"

↑格林尼亚

格林尼亚顿时无地自容，从小长这么大，还从来没有人这样骂过他呢。他又羞愧又恼怒，很快离开了舞会，回到家闭门自省。他想：自己已经 21 岁了，还终日无所事事，真是太惭愧了。他决定把失去的时间都找回来，去里昂大学重新学习知识。但是，由于格林尼亚在中小学时荒废的学业太多了，根本不具备入学资格。于是，他在补习了两年的中学课程后，于 1891 年插班进入里昂大学就读。

格式试剂在有机合成上有十分重要的应用。

在里昂大学学习期间，格林尼亚刻苦学习的精神赢得了当时著名的有机化学权威巴比尔教授的器重。在巴比尔的指导下，格林尼亚开始了有机金属化合物的研究工作。1900 年，格林尼亚发现，如果能够正确使用金属镁，就能够合成具有大量不同结合方式的碳链。次年，格林尼亚在研究镁所引起的有机合成反应时，发现烷基卤化物易溶于醚类溶剂，能与镁反应生成一种稳定的烷基卤化镁。此后，他出色地完成了以他名字命名的格氏试剂研究的博士论文。1912 年，瑞典皇家科学院鉴于格林尼亚发明了格氏试剂，对当时有机化学发展产生了重要影响，授予他诺贝尔化学奖。

当格林尼亚获奖的消息传开之后，一天，他收到了一封贺信，信里只有一句话：“我永远敬爱你！”这就是当年舞会上骂格林尼亚的那位姑娘——波多丽女伯爵写给他的贺信。她也许不会想到，当年她的一骂，唤醒了格林尼亚的自尊。这成为格林尼亚生平中的一段佳话。

今天，格氏试剂已成为有机化学中最有用和最多能的化学试剂之一。格氏试剂的出现，使人们大量制造了自然界没有的、但性能更好的各种化合物，因此它在有机化学中占有很重要的地位。

学海拾贝

格林尼亚发现格氏试剂时，曾经把它取名为格林尼亚巴比尔试剂，用来表示他对导师的感激之情。但是，巴比尔坚持认为自己没有在发现过程中作出努力，要求把试剂名称改为格林尼亚试剂，由此可见巴比尔和格林尼亚的高尚人品以及师生间的情情深意。

吉奥克的创造 低温化学领域的突破

通常，-20℃就会让人觉得彻骨寒冷，那么，你一定不敢想象-273.15℃会是什么样吧？当然，这样的温度只有在低温化学的领域才会出现，吉奥克就是一位造出接近-273.15℃（被称为“绝对零度”）的发明家。

1895年5月12日，吉奥克出生于加拿大的安大略省尼亚加拉瀑布城。1916年，吉奥克考入加利福尼亚大学伯克利分校学习化学，并于1922年获得化学博士学位。此后，吉奥克一直留校任教，直到退休。

受路易斯的影响，吉奥克对热力学产生了极大的兴趣。他长期从事热力化学的研究，尤其致力于对热力学第三定律和超低温状态下有关变化的平衡条件和反应特性的研究，最重要的贡献是创造了接近于绝对零度（-273.15℃）的理想环境，从而为研究物质在超低温状态下的性质、反应和制备各种新材料提供了极为有利的条件，吉奥克也因此被誉为是制造“极冷反应”的发明家。

吉奥克

荷兰物理学家卡末林·昂内斯最早利用节流膨胀的焦耳—汤姆孙效应，制成了空气液化机。他先后实现了氧、氢的液化，并于1908年实现了氦的液化，使液氦获得0.9K以下的超低温。吉奥克在前人研究的基础上，着手探索和改进了昂内斯的方法。他根据某些顺磁物质能在磁化时放热和在去磁时吸热的原理，运用一种稀土元素钆或钆的硫酸盐使之与液氦接触。通过实验，吉奥克发现，钆或钆的硫酸盐放置在一个强磁场中进行磁化时，钆的分子就会沿着平行于磁力线的方向整齐排列起来，同时放出一些热，使周围的液氦蒸发。把磁场撤去后，钆分子就会立即从有序排列变为无序排列，并从周围的液氦中吸收大量的热。通过这种方法，可以进一步降低液氦的温度。这样的步骤不断重复地进行着，就可以使液氦的温度降得更低。采用这种方法，温度可达到绝对零度的千分之几摄氏度内。

↑加利福尼亚大学伯克利分校

据此，吉奥克提出了“顺磁绝热去磁法”。经过不断的实验和改进，吉奥克于 1933 年首次获得了 0.25K 的超低温，为低温学更深入的研究开辟了新的领域。由于这些工作，吉奥克荣获 1949 年诺贝尔化学奖。

除了低温学领域的研究成果之外，吉奥克在发现氧的同位素方面也作出了巨大贡献。1929 年，他和约翰斯顿合作，通过在地球大气层富集太阳光，首先发现了自然界的氧气是由三种同位素组成的混合物。1949 年，他用 ^{18}O 作为示踪原子，发现了植物光合作用中放出的氧并非来自二氧化碳，而是来自于水。此外，他还测定了近 20 种单质及化合物的光谱数据和热化学数据，并分别求得了与其结果相符的熵值，有力地证明了热力学统计理论。

吉奥克的杰出成就使他荣获了 1955 年的吉尔伯特·刘易斯奖章以及 1963 年的哥伦比亚大学钱德勒奖章。1982 年 3 月 28 日，这位为低温学作出卓越贡献的化学家逝世于加利福尼亚。

学海拾贝

绝对零度是根据理想气体所遵循的规律，用外推的方法得到的。用这样的方法，当温度降低到 −273.15℃时，气体的体积将减小到零，所以把 −273.15℃定做热力学温标的零度。

现代有机合成之父 伍德沃德

伍德沃德是20世纪在有机合成化学实验和理论上，取得划时代成果的有机化学家。与他辉煌的研究成果一样，伍德沃德那谦虚平和的人品、严谨认真的教学态度也赢得了世人的尊重。

“天才出少年”这句话用在美国化学家罗伯特·伯恩斯·伍德沃德身上最恰当不过了。伍德沃德于1917年4月10日生于波士顿，从小就聪颖过人，被人们称为“神童”。16岁时，伍德沃德以优异的成绩考入马萨诸塞理工学院。在全班学生中，他是年龄最小的一个。但是，从入学到获得博士学位，伍德沃德仅用了4年的时间，而普通人往往需要10年。

获得博士学位后，伍德沃德先后在伊利诺斯大学、哈佛大学任教，并全身心地投入到了研究中。1942年，他开始了人工化学合成的研究，两年后，他成功地合成了奎宁。奎宁是喹啉类衍生物，它能降低疟原虫氧耗量，从而可以治疗疟疾。至今，奎宁仍是主要的抗疟疾药物。

↑伍德沃德

1947年，伍德沃德发现了多肽缩合剂，这就是著名的伍德沃德试剂。它被广泛地应用在塑料和抗生素的生产中，并且是研究蛋白质代谢作用的有效手段。此后，伍德沃德又合成了胆甾醇、皮质酮、麦角酸等有机化合物。1952年，伍德沃德提出二茂铁类化合物的结构是夹心结构，这一发现推动了金属有机化学的研究。此后，伍德沃德还合成了马钱子碱、利血平、叶绿素等多种复杂的有机化合物。据不完全统计，他合成的各种极难合成的复杂有机化合物达24种以上，所以他被称为“现代有机合成之父”。

伍德沃德将自己的一生献给了化学研究。

1962 年，伍德沃德开始研究抗生素。他测定了金霉素、土霉素等的化学结构，合成了 6-去甲基-6-去氧四环素，为人工合成四环素类抗生素奠定了基础。伍德沃德因在有机合成化学方面的杰出成就，被授予 1965 年诺贝尔化学奖。但是，伍德沃德在获奖之后并没有因为功成名就而停止工作，他继续向新的科学高峰进军，在合成事业上取得了更为辉煌的成就。

当时，维生素 B_{12} 只能从动物的内脏中经人工提炼，价格极为昂贵，且供不应求。所以，维生素 B_{12} 的人工合成是科学家面临的主要问题。为了合成维生素 B_{12}，伍德沃德以惊人的毅力夜以继日地工作着。他设计了一个拼接式合成方案，即先合成维生素 B_{12} 的各个局部，然后再把它们对接起来。这种方法后来成了合成所有有机大分子普遍采用的方法。伍德沃德运用分子轨道对称守恒定律，共做了近千个复杂的有机合成实验，历时 11 年，终于完成了维生素 B_{12} 的合成工作。这项工作的完成，使伍德沃德达到了他合成事业的顶峰。

伍德沃德一生谦虚和善，不计名利。他在发表论文时，总喜欢把合作者的名字署在前边，有时自己干脆不署名，他的这一高尚品质在学术界传为佳话。因积劳成疾，伍德沃德于 1979 年 6 月 8 日与世长辞。

学海拾贝

除了对有机合成的巨大贡献外，伍德沃德在理论化学上的贡献也是功不可没。他和霍夫曼提出了解释周环反应的分子轨道对称守恒原理，然而在 1981 年颁发诺贝尔奖时，由于伍德沃德已经逝世，此奖授予了霍夫曼和日本的福井谦一。

洛杉矶上空的烟雾 大气污染事件

在20世纪40年代，最著名的空气污染事件莫过于洛杉矶光化学烟雾事件了。那种笼罩在城市上空的浅蓝色烟雾给人们的生产和生活带来了极大的隐患，成为人们面临的又一严峻的环保问题。

众所周知，洛杉矶是美国著名的港口城市。它位于美国西南海岸，是一个风景宜人的地方，加上早期金矿、石油和运河的开发，使洛杉矶很快成为一个商业、旅游业都很发达的城市。

许多人都向往这个日新月异的城市，更多的人涌向这个开放的城市，更多的工厂拔地而起，更多的汽车奔驰在开阔的公路上，一切都似乎在昭示着这个城市的欣欣向荣。然而好景不长，从20世纪40年代初开始，人们就发现这座城市一改以往的温柔，变得"疯狂"起来。每年从夏季至秋初，只要是晴朗的日子，城市上空就会出现一种弥漫天空的浅蓝色烟雾，使整座城市上空变得混浊不清。这种烟雾使人眼睛发红，咽喉疼痛，呼吸憋闷，头昏，头痛。

↑被烟雾弥漫的洛杉矶

1943年以后，洛杉矶上空的烟雾更加肆虐，以致远离城市100千米以外的高山上的大片松林也因此枯死，大部分经济作物开始减产。最为严重的是1970年，约有75%以上的市民患上了红眼病。这就是最早出现的大气污染事件——光化学烟雾污染事件。

↑随着工业的发展，工业排放的烟雾聚集在空气中，对大气造成严重的污染。

那么，光化学烟雾是怎样形成的呢？可以说，它是现代化城市发展的产物。洛杉矶在当时就拥有 200 多万辆汽车，每天要排出 1 000 多吨碳氢化合物、300 多吨氮氧化合物、700 多吨一氧化碳。另外，还有炼油厂、供油站等其他石油燃烧排放，这些化合物被排放到阳光明媚的洛杉矶上空，不啻于制造了一个毒烟雾工厂。这些排放物在强烈的紫外线照射下，会吸收太阳光所具有的能量。这些物质的分子在吸收了太阳光的能量后，会变得不稳定，原有的化学键遭到破坏，形成新的物质。这种化学反应被称为光化学反应，其产物为含剧毒的光化学烟雾。加之洛杉矶三面环山的地形，光化学烟雾扩散不开，停滞在城市上空，就形成了污染。

在光化学烟雾的笼罩下，洛杉矶已经失去了昔日美丽舒适的环境，被人们称为“美国的烟雾城”。光化学烟雾严重破坏了人们的生产和生活，它不仅使大气变得浑浊，影响汽车、飞机的安全运行，使车祸、飞机坠落事件增多，还会促成酸雨的形成，使橡胶制品老化、建筑物及机器受到腐蚀。在这样的环境下生存，人们的健康和生命都受到了极大的威胁。1979 年 9 月 17 日，洛杉矶大气保护局发出了烟雾紧急通告第二号，呼吁人们保护自己的生存环境，这引起全世界人们的关注。

20 世纪 90 年代之后，随着工业的迅猛发展，光化学烟雾已经成为全球性的问题，日本、澳大利亚和欧洲部分地区也先后出现过这种烟雾。保护环境刻不容缓，目前，世界各国都在采取积极有效的措施来防范光化学烟雾。

学海拾贝

光化学烟雾主要发生在阳光强烈的夏、秋季节，如湿度低、气温在 24℃~32℃的夏季晴天的中午或午后。随着光化学反应的不断进行，反应生成物不断蓄积，光化学烟雾的浓度不断升高，并且随着气流飘移数百、数千米，使远离城市的农村的庄稼也受到损害。

第五章 Di-wu Zhang

化学的应用

Huaxue de Yingyong

从开始使用火的原始社会，到使用各种人造物质的现代社会，人类都在享用化学成果。我们所吃的食物中的化学品，比我们在实验室看到的还要多。我们用来洗去油脂的肥皂，做手术时使用的麻醉剂……这些都是化学在我们生活中的应用。

炸药大王 诺贝尔

在世界科学领域，“诺贝尔”是一个非常响亮的的名字。诺贝尔是世界著名的化学家、发明家，他把自己的毕生精力贡献给了科学事业。诺贝尔的299种发明专利中有129种发明是关于炸药的，所以他被称为“炸药大王”。

1833年10月21日，在瑞典首都斯德哥尔摩北方街9号楼里，一个男孩呱呱坠地，他就是后来大名鼎鼎的化学家诺贝尔。

因为他的父亲正受聘于俄国政府，9岁时，诺贝尔便跟随母亲到了俄国。诺贝尔的启蒙老师就是他的父母，在父母的教导下，他自学了化学和工程学等学科。后来，诺贝尔拜俄国著名化学家齐宁为师，在齐宁的指导下，诺贝尔的化学知识丰富了起来。此后，父亲送他到法国留学1年，他又到美国著名工程师埃生克森那里学习了4年化学工程。1859年诺贝尔学成回俄国时，正逢他父亲经营的企业破产，而此时的诺贝尔已下决心选择炸药这个行业了。

↑实验室中的诺贝尔

研究炸药是一个极危险的行业，许多人都望而却步。年轻的诺贝尔却选定了这个目标——要研制出威力强大的炸药。亲友及许多好心人都纷纷劝告诺贝尔不要去干这种危险的工作，并警告他说：“当您研究炸药时，死神早已偷偷地站在您的背后了。”然而，诺贝尔不顾一切地说：“我正是要用威力强大的炸药去赶走死神，就是牺牲了，也是值得的。”

↑诺贝尔设立的克鲁梅尔工厂曾经发生过大爆炸，这是该工厂恢复生产后的产品。

1861 年，诺贝尔开始了硝化甘油的研究和实验工作。他先将10%的硝化甘油跟黑色火药混合在一起，经过实验，发现这种混合炸药威力非凡，比黑色火药的威力大了几百倍。但是这样的混合炸药，不易控制，在实验时，稍一震动就会爆炸，严重危及生命。诺贝尔的弟弟和几位助手就因此不幸遇难。但是诺贝尔没有因此而放弃，他决定找到一种能够制服硝化甘油的方法。为此，他把实验室搬到了一艘船上，继续进行实验。

有一天，诺贝尔正在湖边散步，他看见一辆马车摇摇晃晃地走过来了。马车上装有许多装着硝化甘油的罐子，而且有几个罐子已经破碎了。诺贝尔大声喊道：“快停车，太危险了！”没想到赶马车的老头笑着说：“我已经把硅藻土塞到装炸油的罐子之间了，就是罐子破了，炸油也会被硅藻土吸收，不会爆炸的。”诺贝尔听了老人的话，马上赶回实验室着手实验。他把硅藻土磨成粉末，将液态的硝化甘油吸附其中，经实验证明它们的“性情”确实不像往常那样暴烈了。诺贝尔惊喜若狂。硅藻土在自然界中很多，价格便宜，想不到用它就能制服硝化甘油！从此，新式炸药诞生了，诺贝尔也被称为“炸药大王”。

诺贝尔把毕生精力都献给了科学事业。到了晚年，他疾病缠身，最终被病魔夺去了生命。他在遗嘱中将自己的遗产设立了诺贝尔奖金，以奖励那些为人类作出巨大贡献的人。如今，诺贝尔奖已成为世界上的最高荣誉，全世界人民都为之瞩目。

学海拾贝

诺贝尔奖包括物理、化学、生理学或医学、文学及和平 5 个奖项，1968 年又增设了经济学奖，奖金由瑞典中央银行提供。从 1901 年开始，每年 12 月 10 日，即诺贝尔逝世纪念日，瑞典国王会亲自向诺贝尔奖得奖者颁奖。

纯碱诞生

索尔维与侯德榜的贡献

在制碱工业的发展史上，索尔维与侯德榜是两个赫赫有名的人物。索尔维发明的制碱法开创了制碱工业的先河。侯德榜是我国近代化学工业的奠基人，他曾参与建成亚洲第一座纯碱厂，为中国近代化学工业作出了重要的贡献。

欧内斯特·索尔维是比利时著名化学家，1838 年 4 月 16 日出生于勒贝克罗尼翁。索尔维从小就酷爱物理、化学专业，加上他的父亲从事的是精制食盐行业，这使他早年接触了大量实验，为他以后从事化学研究打下了基础。

1862 年，索尔维以食盐、氨、二氧化碳为原料，制得了碳酸钠，这种方法被称为“氨碱法”。次年，索尔维创办了一个正式的制碱工厂，实现了氨碱法的工业化，使制碱生产实现了连续化，并大大提高了食盐的利用率。由于产品质量纯净，此种产品被称为纯碱。

↑欧内斯特·索尔维

1867 年，索尔维制造的纯碱在巴黎世界博览会上获得铜制奖章，此法被正式命名为“索尔维制碱法”。但是，这一方法没有对外公布，凡是没有得到索尔维特许权者，根本无从问津“氨碱法”的生产详情。多少年来，许多想探索“索尔维制碱法”奥秘的厂商无不以失败而告终。直到侯德榜发明了“侯氏制碱法”，制碱的秘密才公布于天下。

侯德榜是我国近代化学工业的奠基人。20 世纪 20 年代，他参与建成了亚洲第一座纯碱厂——永利碱厂，为中国近代化学工业作出了不可磨灭的贡献。

永利碱厂旧影

1890 年 8 月 9 日，侯德榜出生于福建省闽侯县，他从小就勤奋好学，17 岁时就被保送到上海闽皖铁路学校学习，毕业后在英资津浦铁路当实习生。1911 年，侯德榜考入清华大学，学习期间，他曾考出过 10 门功课门门 100 分的好成绩，轰动清华园。1912 年从清华大学毕业后，侯德榜赴美留学，先后在马萨诸塞理工学院、哥伦比亚大学学习化工专业。经过八载寒窗苦读，他于 1921 年获得制革博士学位。学成归国之际，侯德榜在纽约遇到了赴美考察的化工专家陈调甫。陈调甫力荐他到正在筹建的中国第一家碱厂工作。虽然侯德榜是学制革的，但为了振兴中华民族工业，他下决心从事制碱行业。

当时盛行的是“索尔维制碱法”，但国外都采取严格的保密措施，不少人的探索都以失败告终。侯德榜迎难而上，经过 5 年的艰苦探索，终于掌握了“索尔维制碱法”的各项技术要领，生产效率高达日产 180 吨纯碱。1926 年，永利碱厂生产的“红三角”牌纯碱在美国费城万国博览会上为中国赢得了一枚金质奖章，被誉为“中国近代工业进步的象征”。

侯德榜是一位颇具民族气节的实业家。1937 年，抗日战争全面爆发，日军先后三次以“工厂安全”相要挟，提出“合作”管理的要求。侯德榜和同仁们大义凛然，坚持“宁举丧，不受奠仪”，拒绝“合作”；同时积极响应抗战，支援前线。解放后，侯德榜积极参与国内的工业建设，培养了大量杰出的人才。1974 年 8 月 26 日，这位勤奋一生、功绩卓著的科学家与世长辞。

学海拾贝

碳酸钠俗称苏打、纯碱，通常情况下为白色粉末，易溶于水。碳酸钠是重要的化工原料之一，广泛的应用于轻工日化、建材、冶金、纺织、石油、国防、医药、化学工业、食品工业等领域。

医学史上的重大发明 麻醉剂

麻醉剂堪称医学史上具有里程碑意义的重大发明，它让无数病人减少了手术时的痛苦。早在距今2000年之前，我国医学中已经有麻醉药的实际应用了。近代麻醉剂的出现是经过了众多科学家的共同努力的结果。

最早的麻醉剂要追溯到东汉末年的“麻沸散”，它是由杰出的医学家华佗所研制的。史载华佗曾用“麻沸散”为病人进行过胸腔手术，其情景与现代外科手术的情景惊人地一致。“麻沸散”比西方医学家使用麻醉剂要早1600年左右，因此华佗不仅是中国第一个，也是世界上第一个麻醉剂的研制和使用者。遗憾的是华佗的著作及“麻沸散”的配方均已失传。

悠悠千载过去了，由于没有麻醉剂，外科手术一直是一件非常可怕的事情，医生们会采用各种办法先使病人暂时窒息再进行手术。可是，在手术过程中，病人往往会在剧痛中醒来，其痛苦程度可想而知。许多人因忍受不了剧烈的痛苦而死在了手术台上。

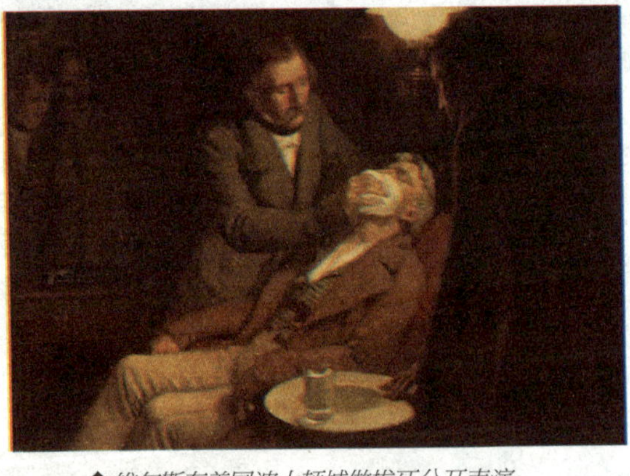

↑维尔斯在美国波士顿城做拔牙公开表演。

近代最早发明麻醉剂的人是19世纪初期的英国化学家戴维。有一次，他牙痛得厉害，当他走进一间充有一氧化二氮气体的房间时，牙齿忽然不感觉疼了。好奇心使戴维做了很多次实验，从而证明了一氧化二氮具有麻醉作用。由于这种气体能引人发笑，所以它被称为“笑气”，这可能是西医使用的最早的麻醉剂。美国牙科医生维尔斯用笑气做麻醉剂，成功地给不少患者实施做了拔牙手术。可是，1844 年的一天，维尔斯在美国波士顿城做拔牙公开表演时，由于笑气用量不足，手术没有成功，病人痛得大声呼叫。一群保守的人就此把维尔斯当做骗子，将他赶出了医院。

当时，维尔斯有个学生名叫莫顿。一个偶然的机会，莫顿听到化学教授杰克逊说，有一次在做化学实验时，他不慎吸入一大口氯气，为了解毒，他立即又吸了一口乙醚。开始他感到浑身轻松，可不一会儿他便失去了知觉。杰克逊的话让勤于思索的莫顿深感兴趣，他大胆设想，能否用乙醚来作为一种理想的麻醉剂呢？于是，他便动手在动物身上实验，以后又在自己身上试实验，结果证明乙醚的确是一种理想的麻醉剂。当时，莫顿还是医学院二年级的学生。后来，莫顿正式将乙醚用于手术中，病人在手术时一点儿也不觉得疼痛。

↑莫顿

莫顿成功了，他想要申请乙醚麻醉的专利。可是，维尔斯和杰克逊都认为专利应该属于自己，由此引发了三人之间旷日持久的发明权之争。这场官司把三个人折磨得精疲力竭，最终，维尔斯自杀，杰克逊得了精神病，而莫顿因脑溢血而去世。这不能不说是科学史上的一大遗憾。

19 世纪中期，北爱尔兰的学者辛普森首次尝试使用氯仿作为麻醉剂为病人进行手术取得了成功。后来，威廉·梅斯文改进了辛普森的麻醉方法，他使用导管将氯仿气体直接输入病人的气管。至今，威廉·梅斯文的这一方法仍被乙醚、氯仿全身麻醉术所沿用。

学海拾贝

据后人考证，麻沸散的主要成分是曼陀罗花，也叫做洋金花。曼陀罗花含有莨菪碱、东莨菪碱和少量阿托品，有麻醉作用。1970 年 7 月 8 日，我国研制的以曼陀罗花为主要成分的中药麻醉汤获得成功，这标志着古代的麻醉剂又获得了新生。

不易褪色 人工合成染料

在古时候，人们都是运用大自然中的有色物质，如靛蓝、胭脂虫来漂染布料，但是用这种方法漂染的布料很容易褪色。到了近代，化学家们一直致力于发明一种人工合成的染料，最终，珀金和卡罗实现了这一愿望。

珀金于 1838 年 3 月 12 日出生在伦敦，他从小就对化学充满了兴趣，15 岁时，他已经是英国皇家化学学院实验室的助手。当时疟疾流行，而治疗疟疾的特效药奎宁是从金鸡纳树中提取出来的，相当珍贵。珀金在老师霍夫曼的指导下，试图从煤焦油中提取奎宁。

↑珀金

多次实验结果都不尽如人意，并没有珀金所期望的奎宁出现，只是得到了一种棕红色的沉淀物。珀金没有因此气馁，他决定改用另一种新的物质进行实验。出人意料，改换物质的结果竟然是得到了一种黑色沉淀物。为了弄清原因，他就用酒精来洗这种黑糊糊的东西，没想到，那些黑色物质竟溶解到酒精里，变成鲜艳夺目的紫色。珀金为这样的发现又惊又喜，他立刻意识到，自己或许发现了一种可用做染色的物质。于是，他用这种溶液将一条素白色的围巾染成了紫色，晾干后将围巾放在热水里用肥皂搓洗，发现它竟然没有褪色。

欣喜若狂的珀金立刻申请了此项技术的专利。1857 年，他在哈罗附近建立了生产苯胺紫染料的工厂，成为合成染料工业的开拓者。珀金发明的紫色染料不仅令太太女士们着迷，还受到了维多利亚女王的青睐。

这以后，合成染料在英国有了较大的发展。从 19 世纪后期起，德国的染料工业赶上并且超过了英国，这和众多化学家的努力是分不开的。海因里希·卡罗就是为德国染料工业作出杰出贡献的科学家之一。

↑卡罗

1834 年 2 月 13 日，卡罗出生于波兰的波兹南市。他从小就被父母带到德国入了德籍。在柏林读完中学之后，他进了当时的工艺专科学校，学习纺织品的染色法和印刷技术。毕业后，卡罗在一个小染料厂里工作。由于当时有一种说法，认为在德国冬季不能染色，英国却不是这样，所以他就到英国去留学。

在英国期间，卡罗半工半读，把大部分时间都花在了染料研究上。他改进了珀金的合成苯胺紫的方法，改进后的方法降低了原来的成本。他还申请了好几种新染料的专利权。回国后，卡罗来到一家著名的染料公司任职，在这里完成了很多到现在还很著名的染料，例如：萘酚黄、亚甲基蓝和金胺等。此外，他还发现了一种很强的氧化剂，即过硫酸。为了纪念卡罗，这种酸被称为卡罗酸。

染料工业发展到今天，不仅有给纺织品染色的染料，还有专门用于生物学和医学研究用的染料以及激光染料、变色染料、感光染料、半导体染料等。现在，我们这个五彩缤纷的世界几乎被人工合成的染料占据了，天然染料则早已退出了历史舞台。

学海拾贝

中国是丝绸的故乡，很早就掌握了染色技术，这在明代科学家宋应星所著的《天工开物》一书中有详细的记载，包括如何提取植物染料，如何进行染色等。近几十年我国纺织染整工业有了长足发展，我国已是世界纺织大国。

生活中重要的发明 肥皂

肥皂是我们身边很常见的家庭用品，也是我们的生活必需品。然而，你知道最早的肥皂是怎么诞生的吗？在肥皂的发明史上，古埃及人和古罗马人都作出了重要的贡献，他们都书写了人类文明史上的精彩篇章。

五千多年前的一天，古埃及国王胡夫正在设宴招待客人。这时，厨房里忙得热火朝天，可就是在忙乱中偏偏出了差错，一位粗心的厨师不小心踢翻了油灯，油洒了一地。厨房里的人都赶来收拾场地，他们用手将沾有油脂的灰捧到厨房外扔掉，再到水盆里洗手。这时他们意外地发现手洗得特别干净。当国王知道这件事后，就吩咐手下人做出沾有油脂的炭饼，放在洗漱的地方，供客人使用。这也许就是肥皂的雏形。

无独有偶，古罗马人的肥皂也经历了同样的命运。起初，古罗马人用羊油脂和山毛榉灰压制成一种称做“萨波”的物质，用来把头发染成浅棕红色。有一次古罗马

↓肥皂的制造过程

1

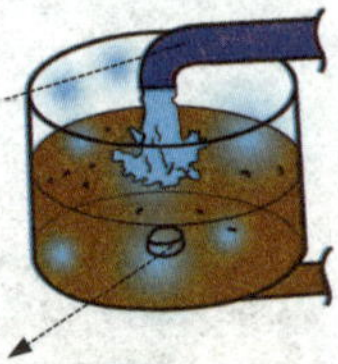

高压下脂肪、油类与热水反应形成脂肪酸和甘油。

2

煮沸后，氢氧化钠与脂肪酸反应产生肥皂。

3

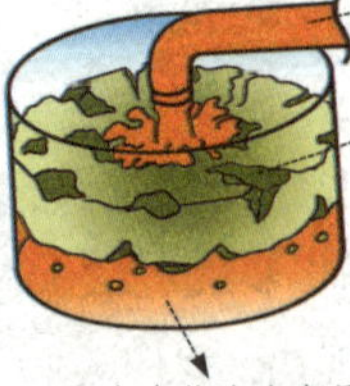

肥皂在盐溶液中是不能溶解的，它作为皂粒升到罐表面。

4

罐中的高速旋转使肥皂从盐水和甘油中分离出来，排走盐水与甘油，留下纯肥皂。

人在节日里忽然遇到大雨，头发被淋湿了，人们却意外地发现头发比以往洗得更干净了。从此，古罗马人便将“萨波”作为清洁剂来使用。

肥皂已成为人们日常生活必不可少的日用品。

公元70年，古罗马学者普林尼第一次用羊油和草木灰制取块状肥皂获得成功，罗马开始了肥皂的生产。其后，这种制皂方法传到希腊、英国等地，俄国的皇帝彼得一世也学到了这门技术。但他规定只有贵族才能使用肥皂，农奴如果使用会受到惩罚。

后来，这项技术在欧洲逐渐传播开来。到了公元2世纪，肥皂已成为专门用来清洗的物品。8世纪，大多数的南欧国家已经开始生产肥皂了，法国的马赛和意大利的热那亚、威尼斯、萨沃纳等都是生产肥皂的主要城市，因为这些地方有橄榄油和苛性碱，原料来源方便。公元1000年后，西班牙的肥皂制造业已成为一种重要的行业。但是，尽管在当时肥皂已被广泛使用，但仍属于价格昂贵的奢侈用品，普通家庭是买不起的。他们一般还是在自制“软皂”，把动物油和桦木灰混合起来，就制成了简易的肥皂。

直到1791年，法国化学家卢布兰通过用电解食盐的方法制成烧碱，木炭洗手的秘密才被揭开。肥皂的成本大为下降，肥皂才逐步进入了普通百姓家庭。19世纪初，合成碱被发明出来，这就使大规模地廉价生产肥皂成为可能。到了19世纪20年代，大规模的制碱法出现了，从此肥皂价格下降，成为普通家庭的生活必备品。

如今，日用洗涤用品花样繁多，尤其是洗衣粉广告大战使得洗衣粉的地位与日俱增。肥皂虽然古老，但是仍不过时，而且有它的独到之处。这一点在日常生活当中，人们还是深有体会的。它不仅不会被其他洗涤用品所替代，反而会有更大的发展空间和更广泛的运用。

学海拾贝

第一次世界大战期间，德国制造肥皂的油料短缺，因此化学家们研制了一种合成替代品——洗涤剂，由酒精和樟脑制成。肥皂与水中的矿物质结合时会产生泡沫，洗涤剂则不会。经过不断的改进，洗涤剂的清洁效果已超过了肥皂。

材料领域的革命 塑料诞生

从远古的石器时代到青铜器时代，再到铁器时代，直至今天纷繁复杂的世界，材料领域的每一次重大变革都直接影响着人们的生活。塑料是材料学中必不可少的组成部分，它对人类的影响是空前的。

↑亚历山大·帕克斯

塑料是一种合成的高分子化合物，它的主要成分是合成树脂。最早的塑料是在英国化学家亚历山大·帕克斯的暗房里诞生的。

帕克斯是一名摄影爱好者，在照片的后期制作中，他常常会用到一种叫“胶棉”的溶液。1862年的一天，他在实验处理胶棉的几种方法时，试着把胶棉与樟脑混合，结果竟产生了一种可以弯曲的硬材料。帕克斯将这种材料取名为“帕克辛”，并在这一年将它带到伦敦国际博览会展出。后来，帕克斯用“帕克辛”制成梳子、笔、纽扣等用品，并设立公司生产这种材料，但最终因他缺少商业意识而破产。

↓今天，塑料制品在我们的日常生活中随处可见。

“赛璐珞”的发明最初是为了娱乐而不是为了工业生产的需求，这一点似乎颇具戏剧色彩。1868年，一家制造台球的公司抱怨象牙短缺，出资1万美元征求象牙的最好替代品。这种替代品必须满足台球有关硬度、弹性、抗热、防潮和没有纹理等方面的要求。美国纽约的印刷工约翰·韦斯利·海亚特看准了这个机会，他改进了帕克斯的制造工艺，于1869年用一种他称之为“赛璐珞”（意为假象牙）的物质造出了廉价的台球。

第一个真正意义上的塑料——全合成塑料是在 1909 年由美国化学家贝克兰用苯酚和甲醛制成的酚醛树脂，这是一种性能良好的耐高温的塑料。1904 年，贝克兰开始研制能代替天然树脂的绝缘漆。他通过对苯酚与甲醛之间反应的深入研究，在 1907 年有了新的发现——在一定的条件下，这种反应会生成一种不熔的树脂，在其中加入木粉后，继续在高压下加热，这种树脂变得柔软可塑，而且在变硬后，模塑的形状就被永远地保留下来了。而当树脂变硬后将其研磨成粉末，装入模子后，再通过加热加压就可以使之重新合为一体。此外，这种树脂还有一个特点，就是一般不受周围环境的影响。1909 年，贝克兰为酚醛树脂申请了专利。

↑贝克兰

酚醛树脂问世后，人们发现它不但可以制造多种电绝缘品，还能制造日用品。爱迪生就用它制造了唱片。于是，一时间人们把贝克兰的发明誉为 20 世纪的“炼金术”，贝克兰本人也因为这项意义深远的发明被称为“现代塑料工业的奠基人”。

1928 年，迪尔斯和助手阿尔德发明了双烯合成反应，即“迪尔斯—阿尔德”反应。双烯合成反应给人们研究烯烃聚合、生产塑料带来了新的启示，使得聚乙烯、聚氯乙烯工业得到了迅速发展。如今，它已经成为现代有机化学中最重要、最简便的合成方法之一。因此，迪尔斯与阿尔德共同获得了 1950 年诺贝尔化学奖。

今天，塑料制品在我们的身边随处可见。有人说它价格低廉，为人类带来了方便，也有人认为这种化学合成制品给人类的生存环境和生活带来了隐患。孰是孰非，就留给人们去评判吧。

学海拾贝

以煤焦油为原料的酚醛树脂，在 1940 年以前一直居各种合成树脂产量之首。此后，随着石油化工的发展，聚合型的合成树脂，如聚乙烯、聚丙烯、聚氯乙烯以及聚苯乙烯的产量在不断扩大，它们已成为当今产量最多的四类合成树脂。

特殊的塑料 导电塑料

在人们的印象中，塑料是不导电的。在普通的电缆中，塑料就常被用作导电铜丝外面的绝缘层。但2000年三名诺贝尔化学奖得主的研究成果，却向人们习以为常的“观念”提出了挑战，那就是塑料也可以导电。

人类每一次的科学发现都会对我们的思维产生冲击，2000年的诺贝尔化学奖也不例外。塑料总被我们认为是很好的绝缘体，否则我们不会用它来绝缘电线。然而，美国化学家艾伦·J.黑格、艾伦·马克迪尔米德和日本化学家白川英树通过研究发现，经过特殊改造之后，塑料能够像金属一样产生导电性，这一研究成果为塑料的发展开辟了广阔的空间。他们三位也因这一发现而获得了2000年诺贝尔化学奖。

↑艾伦·马克迪尔米德

美国化学家黑格是半导体聚合物和金属物研究领域的先锋。他1936年1月22日生于美国爱荷华州，1957年，他毕业于内布拉斯大学物理系，后来到加州大学伯克利分校继续学习，于1961年获得博士学位。黑格的主要研究领域是有机聚合物光电材料和器件的物理、化学结构及性能。他开创了有机金属导体和超导体、导电有机聚合物的全新领域，提出了“对离子诱导加工性”的新概念，为电导材料加工提供了新方向。

马克迪尔米德是最早从事研究和

开发导体塑料的科学家之一。1927年，他出生于新西兰马斯特顿，曾就读于新西兰大学和美国威斯康星大学以及英国剑桥大学。1955年，马克迪尔米德获得剑桥大学博士学位。此后，他一直在宾夕法尼亚大学从事教学和研究工作。

1973年，马克迪尔米德和黑格研究出由氮化硫合成具有金属光泽的薄膜。后来，在日本化学家白川英树的加盟下，他们对重新排列聚乙炔分子结构进行实验时发现，让聚合物分子与碘蒸气接触可以除去其中的电子，从而使这类有机聚合物的结构与金属具有相似的特性。最终，他们研究出了有机聚合导体技术。这种技术的发明对于物理学研究和化学研究都具有重大的意义。马克迪尔米德将自己多年来的研究成果发表了六百多篇学术论文，为导电塑料的研究提供了重要资料。

↑导电塑料在生活中很广泛，例如胶卷上的抗静电物质。

另一位获奖者白川英树1936年出生于东京。1961年，他毕业于东京工业大学化学专业，于1966年获得博士学位。1976年，白川英树赴宾夕法尼亚大学留学，回国后他在波筑大学担任化学教授，并从事聚合物的导电研究工作。白川英树在研究中发现，在聚乙炔薄膜中加入碘、溴，其电子状态就会发生改变。在他与黑格、马克迪尔米德的共同努力下，他们把这类聚合物的导电性提高了1 000万倍。

如今，导电塑料已应用到许多特殊的环境中，如摄影胶卷的抗静电物质、计算机显示器的防电磁辐射装置等。近年来，科学家还开发了应用在发光二极管、太阳能电池及移动电话的显示屏的导电塑料。

我们期待着导电塑料的开发利用前景更加广阔，能够更好地为人类服务。

学海拾贝

一般来说，物体的导电性有四种形态：绝缘体、半导体、导体和超导体。导电塑料实现了从绝缘体到半导体再到导体的巨大变化，是所有物质中能够完成这种可能性变化跨度最大的。

发酵的秘密 发酵酶

松软可口的馒头、香喷喷的面包、醇香提神的美酒，这些食品的制作都经过了发酵工艺。在发酵过程中，发酵酶起着最关键的作用。英国化学家哈登和瑞典化学家歇尔平在发酵的研究方面都取得了杰出的成绩。

1865年10月12日，哈登出生在曼彻斯特。他的父亲是一位机械师，受父亲的影响，哈登从小就对自然科学很感兴趣。1882年，哈登进入曼彻斯特大学的欧文学院学习化学。毕业后，他又来到德国埃尔兰根大学深造，获得了博士学位。当时，德国生物化学家毕希纳有关发酵的论文轰动一时，哈登也就是在这时开始了对糖成醇发酵的研究。

1904年，哈登发现了辅酶，认为发酵是酶和辅酶共同作用的结果，并进一步证明酒化酶是酶和辅酶的混合物。此后，哈登发现在糖和酵母发酵中加入磷酸盐，会加速乙醇的产量。他因而确定了糖成醇发酵的主要反应机理，即在酶系统的作用下，磷酸盐和糖结合形成磷酸己糖，产生出二氧化碳和乙醇。这个过程不断循环，直至糖全部转化为二氧化碳和乙醇，从而完成整个发酵过程。哈登的研究为以后生物糖代谢的研究奠定了基础。第一次世界大

↑哈登正在做实验。

战后，哈登开始研究酵母中所含酶的化学性质，又对各种过氧化物酶和蔗糖进行研究，还研究了发酵中无机盐的作用。

除研究工作外，哈登还主持编写生物化学教材。他把高深的科学原理用日常的现象加以阐述，语言轻松幽默，使高深的科学成为通俗的常识。至今，他编写的《发酵学》仍是生物化学界的权威性著作。

↑歇尔平

歇尔平1873年2月15日出生在德国巴伐利亚州奥格斯堡，后加入瑞典国籍。他于1895年获得柏林大学博士学位后留校任教，几年后又任职于斯德哥尔摩大学。在那里，他一直执教至退休。

歇尔平一生致力于糖发酵和发酵酶的研究。1910年写出了《酶化学》一书，阐明酶和在它作用下发生化学变化的物质含有羧基和氨基相连接的部分，并指出了酶促反应的机理。1923年在研究糖发酵过程中，歇尔平对辅酶进行了深入研究，阐述了辅酶大多具有核苷酸结构，多为维生素和嘌呤碱、含铁卟啉等物质，辅酶的功能主要是传递氢原子或传递官能团。

歇尔平从酶的研究出发，还研究了医学和遗传学。他发现酶抑制剂和酶能生成稳定的络合物，这种络合物不仅能降低和破坏酶的活力，而且能降低酶促反应的速度。这一发现在医学和农业中有着重要意义，利用一些对酶起抑制作用的化合物来破坏生物酶，可以达到抑制和阻止生物化学反应的效果。如今，这种方法已被人们广泛地用于制造农药和杀虫剂，在农业生产中起到了不可估量的作用。

学海拾贝

发酵酶是人体内和其他生物体内不知疲倦的“工人”。当你吃东西的时候，通过和着唾液的咀嚼，口腔分泌出发酵酶，消化一部分食物后进入到胃里。在胃里食物被其他发酵酶进一步分解，营养成分进入血管，并转化成能量。

重要的分离和分析方法 色谱法

色谱法从 20 世纪初发明以来，经历了一百多年的发展历程，到今天已经成为最重要的分离和分析的方法。茨维特、库恩、马丁和辛格的名字是与色谱法紧密相连的，他们实现了色谱技术的几次飞跃。

色谱法起源于 20 世纪初，它在分析化学、有机化学、生物化学等领域都有着非常广泛的应用。

1906 年，俄国植物学家茨维特在一次实验中，用碳酸钙填充竖立的玻璃管，以石油醚洗脱植物色素的提取液，经过一段时间后，植物色素在碳酸钙柱中分离了出来，由一条色带分散为数条平行的色带。由于这一实验将混合的植物色素分离为不同的色带，因此维茨特将这种方法命名为色谱法。后来，维茨特用这种方法从植物叶子中提取了叶绿素 a、叶绿素 b 和叶黄素等。但是，由于他将自己的研究成果发表在不大知名的期刊上，所以当时没有引起化学界的注意。

↑茨维特

1931 年，德国生物化学家理查德·库恩将茨维特发明的色层分析法结合光化学和立体化学实验，成功地将胡萝卜素分离成α和β两个同分异构体，使色层分析法重新发展起来，成为分析化学和生物化学的一个重要手段。此后，库恩又发现了多种新的类胡萝卜素，并制成了纯品进行结构分析。库恩的研究获得了广泛的承认，科学界终于意识到茨维特的色谱法的重要性。库恩也因对类胡萝卜素和维生素研究工作的贡献荣获了1938年度的诺贝尔化学奖。

色谱法的另一次飞跃发展是由英国的两位化学家马丁和辛格实现的，他们的发明大大推动了分析化学的发展，掀起了色谱技术新的革命。

1941年，马丁与辛格合作，发明了一种新的“分配色谱法”。他们用硅胶做试验，取得了成功。用这种方法可以很顺利地把蛋白质分子中所含的各种不同氨基酸分离和测定出来，还可以用来分离类胡萝卜素。马丁还从理论上加以总结，提出了分配色谱柱体理论和关于理想板的概念，极大地推动了现代色谱技术的发展。

1941年，辛格采用新型吸附材料，改进了马丁的逆流提取器和操作方法。他用含有一定量水分的硅胶作吸附剂，填到柱子中去，然后让氨基酸的混合溶液通过柱子，再用氯仿继续冲洗。由于氨基酸的衍生物在水和氯仿中的溶解度不同，因而成功地把各种氨基酸分离出来。为了区别于茨维特的色谱法，把辛格的方法称做“分配色谱法”。

1944年，马丁和辛格又在这一基础上继续探索，又发明了“气—液”色层分离法、纸层分离法和纸层色谱法。这些方法不仅可以分离出许多新物质，而且便于研究生物体内的代谢，是分析法的一次重大革命。此外，马丁还发明了利用电泳和纸色谱鉴别小分子多肽以及利用不同的吸附物质来分离气体的气相色谱法。这种方法操作简便，效果也很好，被广泛地用于石油、化工等领域。由于马丁和辛格为色谱技术的发展作出了突出贡献，他们也因此共同分享了1952年度的诺贝尔化学奖。

↑辛格

学海拾贝

20世纪60年代，科克兰、哈伯等人研制出了世界上第一台高效液相色谱仪。它的诞生开启了高效液相色谱的时代。

↓色谱分析仪器

来自石油的布料 尼龙

在尼龙发明之前，人们的衣服只有两种质地：一种是丝，一种是棉。长久以来，人们渴望有一种新的面料能够出现，用来代替天然的丝和棉，历史的契机给了美国的科学家卡罗瑟斯。

1896年4月27日，卡罗瑟斯出生在美国的伯灵顿。1914年，他中学毕业后，来到了得梅因商学院学习会计，但他对这一专业并不感兴趣，倒是对化学等自然科学情有独钟。鉴于此，一年后他转入了一所规模较小的学院学习化学。1924年，他获得伊利诺伊大学的化学博士学位，后来到哈佛大学教授有机化学。但性格内向的卡罗瑟斯并不适合从事教学工作，1928年，卡罗瑟斯接受美国最大的化学工业公司——杜邦公司的聘请，在那里搞基础科学研究。

↑ 卡罗瑟斯

卡罗瑟斯来到杜邦公司的时候，正值国际上对德国有机化学家施陶丁格提出的高分子理论展开激烈争论的时候。卡罗瑟斯赞扬并支持施陶丁格的观点，他决心通过实验证实这一理论的正确性。因此，一到杜邦公司，卡罗瑟斯就把对高分子的探索作为有机化学部的主要研究方向。

1931年，卡罗瑟斯和他的

研究小组发现，当某种物质的分子聚合度大于一定数值后，它可以纺成丝，冷却后可得到有一定韧性的可以拉长好几倍的纤维状细丝。这个发现启迪了卡罗瑟斯的思路：纤维丝可不可以替代蚕丝等天然纤维来纺织呢？卡罗瑟斯和他的助手们经过两年的努力，合成了上百种尼龙纤维。1935 年，他们终于发明了一种柔韧性能好、抗拉强度高的合成纤维，这就是被命名为尼龙 66 的产品。

由于尼龙 66 是利用易从空气、水、煤或石油中提炼的化学元素碳、氢、氮、氧来合成的，所以它的生产成本比较低。为了把尼龙变成产品，杜邦公司投入了大量的人力、物力，在花费了 2700 万美元和 230 名化学家及工程师的心血后，世界上第一种尼龙制品——长筒女袜于 1940 年问世了。

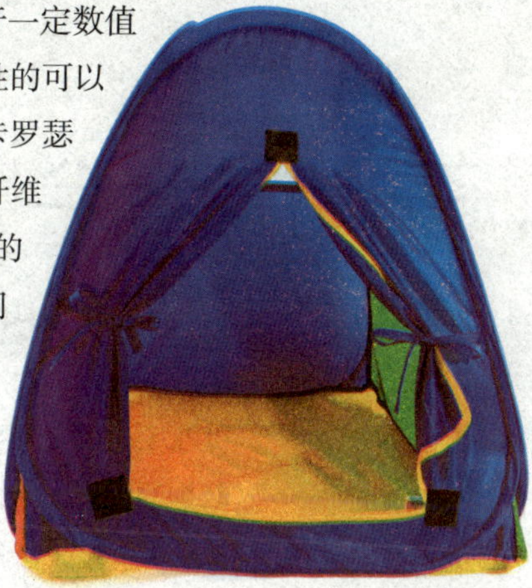

↑尼龙在我们的生活中随处可见，许多帐篷都是用尼龙制造的。

尼龙制成的袜子颜色亮丽、结实而且有弹性，一上市就受到了女性消费者的青睐。人们曾用“像蛛丝一样细，像钢丝一样强，像绢丝一样美”的词句来赞誉这种纤维。此后，尼龙热潮席卷全球，其他以尼龙为材料的产品层出不穷，从丝袜、服装到地毯、渔网等，这些产品以难以计数的方式出现在人们面前。尤其是第二次世界大战之后，尼龙因其特性和广泛的用途，迅速发展成为最重要的合成纤维制品。

如今，尼龙已成为工程塑料中最大、最重要的品种，被广泛用于汽车、电子、纺织、体育用品、办公用品和家电部件等行业中，而且，对尼龙产品高性能的要求也推动了相关产业的飞速发展。伴随着纳米尼龙的出现，我们相信尼龙的前景将会更广阔。

作为世界上最先研制出的一种合成纤维，尼龙自诞生后就爆发出了旺盛的生命力，强烈地冲击着人类的生活。

学海拾贝

从化学的角度来看，尼龙是一种聚合物，其组成单位由酰胺键连接，因此它有时也被称为聚酰胺。它主要用于合成纤维，其最突出的优点是耐磨性较强，但其耐热性和耐光性较差。

奇特的合金 记忆合金

记忆合金，准确地应称之为“记忆形状的合金”，它的诞生引发了合金领域一场重要的革命。如今，科学家们已经发现了几十种不同记忆功能的合金，比如钛镍合金，金镉合金，铜锌合金等，它们都已被广泛地应用于生产生活中。

有关记忆合金的报道最早出现在1952年，有两位观察者发现了铜锌合金中相变的可逆性，但当时并未引起人们的广泛注意。

20世纪60年代初，美国海军的一个研究小组从仓库领来一些钛镍合金丝准备做实验。他们发现这些合金丝弯弯曲曲，使用起来很不方便，于是就把这些合金丝一根根拉直。可是，在实验过程中，奇怪的现象发生了，他们发现，当温度升到一定的数值时，这些已经被拉直的钛镍合金丝突然又恢复到原来的弯曲状态。他们又反复做了多次实验，无论他们怎样把合金丝拉直，合金丝还是会恢复到原来的状态。这是怎么回事？他们百思不得其解。

这一发现引起了科学界的极大兴趣，大量科学家对此进行了深入的研究。科学家们发现，不仅钛镍合金具有这种“记忆”功能，铜锌合金、铜铝镍合金、铜钼镍合金、铜金锌合金等也都具有

记忆合金常被用做金属眼镜框。

这种奇特的本领。人们可以在一定的范围内，根据需要改变这些合金的形状，到了某一特定的温度，它们就自动恢复到自己原来的形状,而且这种改变可以多次重复进行。人们把这种现象叫做形状记忆效应,把具有这种形状记忆效应的合金叫做形状记忆合金，简称记忆合金。

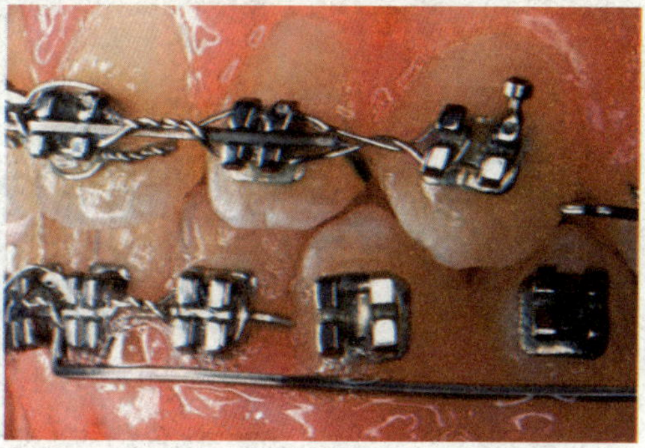

↑形状记忆合金早期只应用在牙箍方面。

我们在玩弹簧时，一定都会注意到，只要外力一撤除，弹簧马上恢复到自己原来的样子。其实，弹簧的效应和记忆合金很相似，只是弹簧的记忆温度很宽，不像记忆合金这样有一个特定的转变温度，从而有了一些特别的功用。那么，为什么这些合金能具有这种记忆效应呢?

其实，记忆合金只是利用了某些合金在固态时其晶体结构随温度发生变化的规律而已。就拿钛镍记忆合金来说吧，它在40℃以上和40℃以下的晶体结构是不同的。当温度在40℃上下变化时，合金就会收缩或膨胀，使得它的形态发生变化。在这里，40℃就是钛镍记忆合金的变态温度。各种合金都有自己的变态温度，因此，只要把它加热到变态温度，它就立即恢复到原来处于稳定状态的形状了。

利用记忆合金在特定温度下的形变功能，可以制作多种温控器件，如温控电路、温控阀门和温控的管道连接等。人们还利用记忆合金制作了自动的消防龙头，当失火时，温度的升高使记忆合金发生变形，阀门便自动开启，喷水救火。可以说，这是一项造福于人类的发明。

随着人们对记忆合金研究的不断深入，目前已开发出几十种类型的记忆合金，它们在航空、军事、工业、农业和医疗等领域发挥着重要作用，而且发展趋势十分可观，一个壮观的记忆合金的时代已经到来。

学海拾贝

如今，记忆合金已应用到航空和太空装置中。如它可以用于制造探索宇宙奥秘的月球天线，人们利用记忆合金在高温环境下制作好天线，再在低温下把它压缩成一个小铁球，使它的体积缩小到原来的千分之一，这样很容易运到月球，到达月球后，太阳强烈的辐射使它恢复原来的形状，按照需求向地球发回宝贵的宇宙信号。

人类文明的载体 纸

中国的四大发明享誉世界，其中造纸术的发明和推广，对于世界科学、文化的传播产生了深远的影响，对于社会的进步和发展起着重大的作用。造纸术的诞生绝非一人之功，它是我国劳动人民长期经验的积累和智慧的结晶。

在上古时代，我们的祖先主要依靠结绳记事，以后渐渐发明了文字，开始用甲骨作为书写材料。后来，人们利用竹片、木片以及缣帛作为书写材料。但是，由于缣帛太昂贵，竹片太笨重，所以人们迫切需要一种方便、廉价的书写材料。于是，纸诞生了。

据考证，纸最早出现于我国的西汉时期。历史上最早有记载用纸的人是汉武帝的儿子刘据，他曾因鼻子太矮，怕汉武帝不喜欢，用纸掩着鼻子去见汉武帝。1957 年，我国考古学家在陕西灞桥发掘西汉墓时，发现几卷长、宽不到 10 厘米的纸。它的质地细薄均匀，颜色泛黄，经分析是麻纤维纸。由此可见，在公元前 90 年，我国劳动人民就已经能用麻皮渍水，打造出麻纤维纸了。但是，麻纤维纸价格昂贵，只有达官贵人才用得起。

↑ *中国古代时期的造纸情景*

在造纸的历史上，不能不提到蔡伦这个人物。东汉和帝元兴元年（105），蔡伦在总结前人制造丝织品经验的基础上，对造纸技术作了一番重大革新。蔡伦用廉价的树皮、麻头、破布、破鱼网等做原料，经浸渍、碎切、淘洗、泡沤等工序，用石灰水蒸煮，然后漂絮，干燥后成为价廉物美的纸。蔡伦发明的工艺使造纸的速度加快，同时，他使纤维分得更细，从而提高了纸的质量。从此，纸代替了竹帛，成为人们普遍使用的书写材料。

蔡伦

在蔡伦之后，我国劳动人民对造纸技术还作了不少改进。人们根据不同原料，制造出许多种类的纸，如藤纸、竹纸和宣纸等，其中，安徽宣州生产的宣纸非常有名。关于宣纸的诞生有这么一个传说，有一个叫孔丹的人是蔡伦的徒弟，他在皖南以造纸为业，他一直想制造一种特别理想的白纸，用来替师傅画像，但经过许多次的实验都不能如愿以偿。一次，他在山里偶然看到有些檀树倒在山涧旁边，因年深日久，树干被水浸蚀得腐烂发白。后来他用这种树皮造纸，终于获得成功。此后，宣纸一直是书写、绘画不可缺少的珍品，到明清以后，中国书画几乎全用宣纸。

在改良纸的过程中，古人还特别对纸张的防腐和保存技术进行了研究。例如，晋时已发明染纸新技术，即从黄蘗中熬取汁液，浸染纸张，有的先写后染，有的先染后写。浸染的纸呈天然黄色，所以叫做黄麻纸。黄麻纸有灭虫防蛀的功能。此外，写经卷的硬黄纸经过了铜盐、锌盐溶液的处理，使纸在几百年后还能保存良好。

今天，虽然现代的造纸工业已经很发达，但其基本原理仍跟蔡伦的造纸方法相同。尽管造纸原料大部分已被木浆所代替，但是造高级印刷纸、卷烟纸和打字蜡纸等，仍要使用到破布、树皮、麻头、破鱼网等原料，这不能不让人感叹古人的智慧。

学海拾贝

宣纸的原产地是安徽省泾县，在宋代时泾县属宣州府管辖，所以这里生产的纸被称为“宣纸”。由于宣纸有易于保存、经久不脆、不会褪色等特点，故被称为“纸中之王、千年寿纸”。

梅里菲尔德的贡献 合成蛋白质

蛋白质工程是20世纪80年代出现的一门新兴学科，梅里菲尔德是为这一学科作出杰出贡献的科学家之一。他发明了固相多肽合成法，革新了传统液相方法，为多肽合成翻开了崭新的一页。

蛋白质是生命的物质基础，没有蛋白质就没有生命，所以研究蛋白质具有极其重要的生物学意义。梅里菲尔德在蛋白质的研究中取得了杰出成就，他因发明多肽固相合成法而荣获1984年诺贝尔化学奖。

1921年7月15日，梅里菲尔德出生于得克萨斯州沃思堡。1943年，他获得加利福尼亚大学化学学士学位。1949年，他又获得了博士学位并留校任教。20世纪60年代，他一直在洛克菲勒大学从事教学工作，直到退休。

↑梅里菲尔德

自1953年起，梅里菲尔德开始从事蛋白质化学的研究，主要研究多肽和蛋白质的合成，以及合成的生物活性多肽和蛋白质的结构与功能的关系。1959年5月，他开始研究多肽固相合成法。通过三年多的大量研究，他终于成功地用固相合成法合成了一个二肽。1962年，梅里菲尔德成功地合成了一个四肽，从而推动了分子生物学、生物化学和医学等学科的发展。次年，他又合成了含有9个氨基酸残基的缓舒激肽，并且只用了 8 天时间。

梅里菲尔德的多肽固相合成法比经典的合成方法省时、简便，而且效率又高，称得上是生物高聚物领域的一场革命。他将氨基酸固定到与多聚物载体共价键合的碳酸基上，然后将此碳酸基一步步加到已经被保护的氨基酸的氨基上。在保护基离析后，一个个氨基酸可据此逐次加上去，直到整个链形成后，再将载体与聚合物切割。这一方法的优越性在于，合成的每一步中剩余的不溶解和易于过滤的聚合物易于离析，不像传统的合成法在每一步化学反应后都要进行离析纯化。此后，这种方法不断完善，到了 20 世纪 70 年代，已成为许多多肽合成实验室使用的一种基本方法。

梅里菲尔德实验用的仪器

梅里菲尔德的新合成法能使宝贵的反应合成物聚合在聚合物载体上，多余的反应物和副产品通过简单的冲洗和过滤即可加以筛选。这种方法已经得到了高达 99.5% 的产率，已成为目前通用的肽制取法。这种方法在微生物学和基因工程技术领域，被用来合成特定序列的 DNA 片断，为生化物质合成开创了一个新领域。

1965 年，梅里菲尔德制成了第一台自动化合成仪。1969 年，他用这台仪器高速合成了由 124 个氨基酸残基组成的核糖核酸酶 A，核糖核酸酶 A 是世界上首次人工合成的酶，他的工作对整个有机合成化学起了极大的推动作用。为了表彰梅里菲尔德对生物化学作出的巨大贡献，瑞典皇家科学院授予他 1984 年度诺贝尔化学奖。

此外，梅里菲尔德还获得了 1969 年的拉斯克基础医学研究奖、1972 年美国化学学会奖、1973 年的尼科尔奖章等。

学海拾贝

蛋白质是一种复杂的有机化合物，旧称“朊”。组成蛋白质的基本单位是氨基酸，氨基酸通过脱水缩合形成肽链。蛋白质是一切生命的物质基础，是机体细胞的重要组成部分，对人体的生长发育非常重要。

考古学时钟 ^{14}C 测年法

随着科技的日新月异，关于测定标本年代的技术越来越多，但在诸多方法之中，以“^{14}C 测年法”最为普遍，其发明者就是美国著名的化学家威拉德·弗兰克·利比。

1908 年 12 月 17 日，利比生于美国科罗拉多州。他于 1933 年毕业于加利福尼亚大学，获得化学博士学位。此后，他先后任职于加利福尼亚大学、芝加哥大学以及美国原子能委员会。

利比主要研究辐射化学，特别是热原子化学、示踪技术与同位素示踪。他因发现了可用于较长时间计时的“^{14}C 测年法”，为人类创造出第一个考古计时工具，而荣获了 1960 年诺贝尔化学奖。

↑威拉德·弗兰克·利比

利比很早就立志要找到一种科学方法来正确地考证历史年代。当时，卢瑟福已经提出用岩石中积累的放射性衰变产物来确定地壳岩石的年龄，利比对此表示出极大的兴趣。于是，他力求找到一种放射性同位素，以此为线索进行研究。在研究中，利比测定了 ^{14}C 以每隔 5 730 年减少原含量一半的速度逐渐递减下去，而存在于自然界和大气层的含碳物质中，^{14}C 与 ^{12}C 的比例又是一定的，它在通常情况下总是一个“常数”。根据这些特性，只要测定出埋藏在地底下的含碳物质中 ^{14}C 的衰变过程，就可以推算出其地质年代。

经过不断的研究实验，利比发现，只要所采集起来供测试的标本未曾与其他碳素物质混杂和接触，这种方法测算的结果就非常准确。这种测定历史年代的方法就是“^{14}C 测年法”。如今，它已成为考古学、人类学、地球科学等研究领域广泛采用的一种极为重要的手段，因此人们把这种方法称为“考古学时钟”。1950 年，利比用这种方法测定的金字塔的建造年代，竟与历史记载的年代相符，这不能不说是一个奇迹。此后，利比将自己的研究成果写成论文《放射性碳年代测定》，让科学界共享这一重要发现。

加利福尼亚大学一角

1954 年，利比组成了一个研究小组。他带领研究小组和考古学家一起测定了地质的年代、地层的年代、构造运动的速率、冰川的历史、海岸线的变迁、火山的年代等，还协助地理学家研究了自然环境的演变史、气候的变化、土壤的发展史等，揭开了许多几个世纪以来的未解之谜。

利比的一生是与荣誉相伴的，他是美国国家科学院、海德堡科学院、美国哲学会、地球物理学会等多家学术机构的会员。除了“^{14}C 测年法”外，利比对第一颗原子弹的研制、环境科学、气候变化预测、地震预报、消除污染等也有贡献。

1980 年 9 月 8 日，利比在加利福尼亚去世，享年 72 岁。他的放射性碳测年技术为考古学家、古人类学家和地球科学家提供了极有价值的手段。自问世以来，这种技术一直为考古学家、古人类学家和地质学家所重视，并得到了广泛的应用。

学海拾贝

碳是自然界中广泛存在的元素。天然碳有三种同位素，即 ^{12}C、^{13}C 和 ^{14}C。这其中，只有 ^{14}C 才具有放射性，它是碳的最稳定、最重要的同位素。^{14}C 在自然界含量极少，而且半衰期很长。

奇妙而崭新的世界 纳米科学

纳米科学是诞生于20世纪末期的一门新兴学科。尽管纳米科学问世的时间不长,但它带来的冲击却是明显的。越来越多的科学家相信,这项新兴的科学技术将带来新一轮的技术革命,人们将凭借它进入一个奇妙的崭新世界。

随着人类对物质微观世界认识的不断进步,在20世纪进入尾声的时候,一门新兴的学科——纳米科学诞生了。第一届国际纳米科学技术学术会议于1990年7月在美国召开,正式把纳米材料作为材料科学的一个新分支。

什么是纳米?“纳米”是英文nanometer的译名,它是一种度量单位,1纳米为百万分之一毫微米,也就是十亿分之一米,约相当于45个氢原子穿起来那么长。纳米结构通常是指尺寸在100纳米以下的微小结构。

1981年,扫描隧道显微镜发明后,便诞生了一门以0.1纳米~100纳米长度为研究尺度的新学科,它的最终目标是直接以原子或分子来构造具有特定功能的产品。因此,纳米技术其实就是一种用单个原子、分了制造物质的技术。虽然纳米技术是尖端科技,却早已存在于我们身边。举例来说,莲花表面的出污泥而不染的特性就是很好的证明。莲

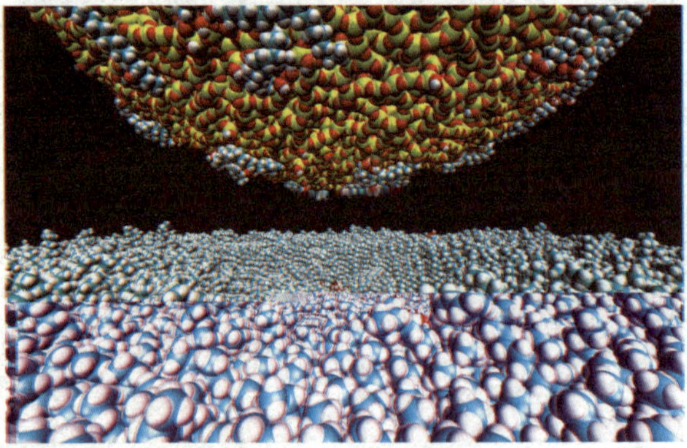

计算机模拟的纳米世界

花表面的细致结构和粗糙度大小都在纳米尺度的范围内，所以不易吸附污泥、灰尘。

1984 年，德国著名学者格莱特把 6 纳米的金属粉末压制成纳米块，并详细研究了它的内部结构，结果发现它比普通钢铁的强度要高 12 倍，硬度要高 3 个数量级。根据这一特性，格莱特制出了世界上第一块纳米材料，开纳米材料学之先河，引发了科学家们对物质在纳米量级内物理性能变化和应用的广泛研究。6 年后，第一次纳米科技大会在美国举行，《纳米技术杂志》正式创刊，纳米科学技术由此正式宣告“开宗立派”。

↑格莱特

纳米技术可使许多传统产品“旧貌换新颜”，把纳米颗粒或者纳米材料添加到传统材料中，可改进材料性能，或获得新的性能。纳米材料是纳米科技领域比较成熟的组成部分，也是纳米科技的发展基础。所谓纳米材料，是指由纳米颗粒构成的固体材料，其中纳米颗粒的尺寸最多不超过 100 纳米，在通常情况下不超过 10 纳米。由纳米颗粒最后制成的材料与普通材料相比，在机械强度、磁、光、声、热等方面都有很大的不同，由此人们可制造出各种性能优良的特殊材料。

按目前的研究状况，纳米科技一般分为纳米材料学、纳米电子学、纳米生物学、纳米制造学和纳米光学等，这其中的每一门学科都具有跨学科性质，是集研究与应用于一体的边缘学科与综合体系。

尽管纳米科学技术在 20 世纪仅是刚刚露出尖尖角的小荷，但近年来科技的突飞猛进，使梦幻一般的纳米时代提前到来并不是没有可能。有科学家乐观地预计，纳米技术在今后二三十年内将从根本上改变人类世界。

学海拾贝

纳米技术主要应用在三个方面：第一是材料方面的应用，与其他材料相比，它具有质量轻、耐腐蚀、强度高等特点；第二是在信息领域进行高密度信息存储，纳米技术可以提高存储密度；第三个领域关系到人们的健康，通过纳米技术，可以使癌症得到早期的诊断、检测和治疗。

附录 大事年表

Dashi Nianbiao

1766 年	英国科学家卡文迪许制得了氢气。
1772 年	英国化学家卢瑟福发现了氮气。
1772 年	法国化学家拉瓦锡首先把磷列入化学元素的行列。
1773 年～1774 年	瑞典化学家舍勒制得了氧气和氯气
1808 年	英国化学家道尔顿正式发表了原子学说的论文。
1811 年	法国化学家库尔特瓦发现了碘。
1822 年	德国化学家格梅林发现了氰化钾。
1824 年	法国化学家巴拉尔发现了溴。
1840 年	德国化学家李比希制得了世界上第一批钾肥、磷肥。
1840 年	德国化学家舍拜恩发现了臭氧。
1842 年	德国化学家维勒制备出了碳化钙，并制成了乙炔。
1845 年	奥地利化学家施勒特尔发现了红磷，并且确定了白磷和红磷是同素异形体。
1861 年	瑞典化学家诺贝尔开始了硝化甘油的研究工作。
1864 年	德国化学家凯库勒发现了苯环结构。
1869 年	俄国化学家门捷列夫发现了元素周期律。
1869 年	英国化学家罗斯科第一次制得了纯净的金属钒。
1886 年 6 月 26 日	法国化学家莫瓦桑获得了单质氟。
1891 年	德国化学家托伦斯等制得了炸药太安。

1898 年　德国化学家拉登堡确定臭氧是氧气的同素异形体。

1909 年　美国化学家贝克兰制成了酚醛树脂。

1910 年　英国化学家索迪提出了同位素假说。

1912 年　法国化学家格林尼亚因发明了格式试剂获得了诺贝尔化学奖。

1913 年　世界上第一座合成氨工厂建成投产。

1935 年　美国科学家卡罗瑟斯和他的研究小组发明了尼龙 66。

1947 年　美国化学家伍德沃德发现了著名的伍德沃德试剂。

1965 年　我国完成了结晶牛胰岛素的合成，这是世界上第一个人工合成的蛋白质。

1985 年　英国的科学家哈罗德·沃特尔·克鲁托和美国的科学家罗伯特·弗洛伊德·柯尔、理查德·埃里特·史沫莱共同发现了碳元素的新形式——富勒烯。

课里课外新阅读

恍如魔法的 *Huaxue Gushi*

化学故事